科學少年學習誌

編／科學少年編輯部

# 科學閱讀素養
## 理化篇 2

遠流

# 科學少年學習誌
# 科學閱讀素養 理化篇2　目錄

# 課程連結表

| 文章主題 | 文章特色 | 搭配108課綱（第四學習階段 ── 國中） | |
|---|---|---|---|
| | | 學習主題 | 學習內容 |
| 頭頂上的再生能源──太陽能發電 | 說明太陽能發電的基本原理與困境。可了解光能如何轉換成電能；認識何謂半導體及光電池；並思考太陽能發電的挑戰。 | 能量的形式、轉換及流動（B）：能量的形式與轉換（Ba） | Ba-IV-1能量有不同形式，例如：動能、熱能、光能、電能、化學能等，而且彼此之間可以轉換。孤立系統的總能量會維持定值。 |
| | | 自然界的現象與交互作用（K）：波動、光及聲音（Ka）；電磁現象（Kc） | Ka-IV-1波的特徵，例如：波峰、波谷、波長、頻率、波速、振幅。 |
| | | | Kc-IV-2靜止帶電物體之間有靜電力，同號電荷會相斥，異號電荷則相吸。 |
| | | 資源與永續發展（N）：能源的開發與利用（Nc） | Nc-IV-4新興能源的開發，例如：風能、太陽能、核融合發電、汽電共生、生質能、燃料電池等。 |
| | | | Nc-IV-5新興能源的科技，例如：油電混合動力車、太陽能飛機等。 |
| | | | Nc-IV-6臺灣能源的利用現況與未來展望。 |
| 觸控螢幕一點就靈 | 介紹了各種觸控螢幕的原理、優缺點和應用領域，能更加理解現代人日常生活必備的科技。 | 自然界的現象與交互作用（K）：電磁現象（Kc） | Kc-IV-2靜止帶電物體之間有靜電力，同號電荷會相斥，異號電荷則相吸。 |
| | | | Kc-IV-7電池連接導體形成通路時，多數導體通過的電流與其兩端電壓差成正比，其比值即為電阻。 |
| | | | Kc-IV-8電流通過帶有電阻物體時，能量會以發熱的形式逸散。 |
| | | 科學、科技、社會及人文（M）：科學在生活中的應用（Mc） | Mc-IV-6用電安全常識，避免觸電和電線走火。 |
| 未來智慧：自動駕駛車 | 介紹了自動駕駛車所配備的各項技術和基本原理、優缺點和未來可能帶來的便利性。 | 自然界的現象與交互作用（K）：波動、光及聲音（Ka） | Ka-IV-4聲波會反射，可以做為測量、傳播等用途。 |
| | | | Ka-IV-5耳朵可以分辨不同的聲音，例如：大小、高低和音色，但人耳聽不到超聲波。 |
| | | | Ka-IV-8透過實驗探討光的反射與折射規律。 |
| 炸藥之父──諾貝爾 | 詳細敘述諾貝爾的一生，以及他發明炸藥的歷史，並了解這位科學家創立諾貝爾獎的初衷。 | 物質的反應、平衡及製造（J）：物質反應規律（Ja）；化學反應速率與平衡（Je）；有機化合物的性質、製備及反應（Jf） | Ja-IV-2化學反應是原子重新排列。 |
| | | | Je-IV-1實驗認識化學反應速率及影響反應速率的因素，例如：本性、溫度、濃度、接觸面積及催化劑。 |
| | | | Jf-IV-1有機化合物與無機化合物的重要特徵。 |
| | | | Jf-IV-2生活中常見的烷類、醇類、有機酸及酯類。 |
| | | | Jf-IV-3酯化與皂化反應。 |
| 不「銅」凡響的元素 | 介紹在日常生活中的重要角色「銅」，以及銅在週期表的地位，並了解其特性，學習錯合物及合金的科學，甚至是銅在生物體內的功能。 | 物質的組成與特性（A）：物質組成與元素的週期性（Aa） | Aa-IV-1原子模型的發展。 |
| | | 生物體的構造與功能（D）：動植物體的構造與功能（Db） | Db-IV-2動物體（以人體為例）的循環系統能將體內的物質運輸至各細胞處，並進行物質交換。並經由心跳、心音及脈搏的探測，以了解循環系統的運作情形。 |
| 智慧卡片聰明生活 | 介紹生活中各種卡片：悠遊卡、大樓門禁卡、金融卡、信用卡的科學原理以及相關應用。 | 自然界的現象與交互作用（K）：波動、光及聲音（Ka）；電磁現象（Kc） | Ka-IV-2波傳播的類型，例如：橫波和縱波。 |
| | | | Kc-IV-4電流會產生磁場，其方向分布可以由安培右手定則求得。 |
| | | | Kc-IV-6環形導線內磁場變化，會產生感應電流。 |
| 廚房裡的祕密：不用火的料理機 | 介紹廚房中常見的電磁爐、微波爐和水波爐背後的科學原理，認識何謂電流磁效應與電磁感應，了解科技的神奇之處。 | 能量的形式、轉換及流動（B）：能量的形式與轉換（Ba） | Ba-IV-1能量有不同形式，例如：動能、熱能、光能、電能、化學能等，而且彼此之間可以轉換。孤立系統的總能量會維持定值。 |
| | | | Ba-IV-3化學反應中的能量改變，常以吸熱或放熱的形式發生。 |
| | | 自然界的現象與交互作用（K）：電磁現象（Kc） | Kc-IV-4電流會產生磁場，其方向分布可以由安培右手定則求得。 |
| 食品標示看懂沒？ | 認識食品標示上的訊息，除了讓我們了解食物當中的成分，還有添加劑的種類與功能。 | 能量的形式、轉換及流動（B）：生物體內的能量與代謝（Bc） | Bc-IV-1生物經由酵素的催化進行新陳代謝，並以實驗活動探討影響酵素作用速率的因素。 |
| | | | Bc-IV-2細胞利用養分進行呼吸作用釋放能量，供生物生存所需。 |
| | | 物質的反應、平衡及製造（J）氧化與還原反應（Jc）；酸鹼反應（Jd） | Jc-IV-1氧化與還原的狹義定義為：物質得到氧稱為氧化反應；失去氧稱為還原反應。 |
| | | | Jd-IV-5酸、鹼、鹽類在日常生活中的應用與危險性。 |
| 果汁疊疊樂 | 利用日常生活中容易取得的各式飲料，讓學生更容易了解密度的概念與其應用，動手做、學科學，更生動有趣。 | 物質系統（E）：自然界的尺度與單位（Ea）；力與運動（Eb） | Ea-IV-1時間、長度、質量等為基本物理量，經由計算可得到密度、體積等衍伸物理量。 |
| | | | Eb-IV-1力能引發物體的移動或轉動。 |
| | | 科學、科技、社會及人文（M）：科學在生活中的應用（Mc） | Mc-IV-3生活中對各種材料進行加工與運用。 |
| | | | Mc-IV-4常見人造材料的特性、簡單的製造過程及在生活上的應用。 |

# 導讀 科學 ✕ 閱讀 二

閱讀是人類學習的重要途徑，自古至今，人類一直透過閱讀來擴展經驗、解決問題。到了 21 世紀這個知識經濟時代，掌握最新資訊的人就具有競爭的優勢，閱讀更成了獲取資訊最方便而有效的途徑。從報紙、雜誌、各式各樣的書籍，人只要睜開眼，閱讀這件事就充斥在日常生活裡，再加上網路科技的發達便利了資訊的產生與流通，使得閱讀更是隨時隨地都在發生著。我們該如何利用閱讀，來提升學習效率與有效學習，以達成獲取知識的目的呢？如今，增進國民閱讀素養已成為當今各國教育的重要課題，世界各國都把「提升國民閱讀能力」設定為國家發展重大目標。

另一方面，科學教育的目的在培養學生解決問題的能力，並強調探索與合作學習。近年，科學教育更走出學校，普及於一般社會大眾的終身學習標的，期望能提升國民普遍的科學素養。雖然有關科學素養的定義和內容至今仍有些許爭議，尤其是在多元文化的思維興起之後更加明顯，然而，全民科學素養的培育從 80 年代以來，已成為我國科學教育改革的主要目標，也是世界各國科學教育的發展趨勢。閱讀本身就是科學學習的夥伴，透過「科學閱讀」培養科學素養與閱讀素養，儼然已是科學教育的王道。

對自然科老師與學生而言，「科學閱讀」的最佳實踐無非選擇有趣的課外科學書籍，或是選擇有助於目前學習階段的學習文本，結合現階段的學習內容，在教師的輔導下以科學思維進行閱讀，可以讓學習科學變得有趣又不費力。

# 素養＋樂趣！

撰文／陳宗慶

　　我閱讀了《科學少年》後，發現它是一本相當吸引人的科普雜誌，更是一本很適合培養科學素養的閱讀素材，每一期的內容都包括了許多生活化的議題，涵蓋了物理、化學、天文、地質、醫學常識、海洋、生物……等各領域有趣的內容，不但圖文並茂，更常以漫畫方式呈現科學議題或科學史，讓讀者發覺科學其實沒有想像中的難，加上內文長短非常適合閱讀，每一篇的內容都能帶著讀者探究科學問題。如今又見《科學少年》精選篇章集結成有趣的《科學閱讀素養》，其內容的選編與呈現方式，頗適合做為教師在推動科學閱讀時的素材，學生也可以自行選閱喜歡的篇章，後面附上的學習單，除了可以檢視閱讀成果外，也把內文與現行國中教材做了連結，除了與現階段的學習內容輕鬆的結合外，也提供了延伸思考的腦力激盪問題，更有助於科學素養及閱讀素養的提升。

　　老師更可以利用這本書，透過課堂引導，以循序漸進的方式帶領學生進入知識殿堂，讓學生了解生活中處處是科學，科學也並非想像中的深不可測，更領略閱讀中的樂趣，進而終身樂於閱讀，這才是閱讀與教育的真諦。⊕

## 作者簡介

陳宗慶　國立高雄師範大學物理博士，高雄市五福國中校長，教育部中央輔導團自然與生活科技領域常務委員，高雄市國教輔導團自然與生活科技領域召集人。專長理化、地球科學教學及獨立研究、科學展覽指導，熱衷於科學教育的推廣。

# 頭頂上的再生能源

# 太陽能發電

全球暖化帶來的氣候災害有愈來愈嚴重的跡象，化石燃料可說是難辭其咎。發展再生能源是人類的當務之急，而今天要介紹的，正是再生能源之一的太陽能發電。它的原理究竟是什麼？有什麼缺點尚未解決？讓我們一起來探索！

撰文／趙士瑋

太陽能發電顧名思義，就是將太陽放出的能量轉換成電能。但是我們用的並不是太陽的熱能，而是光能——沒錯，光也是能量的一種型式！光的能量由頻率來決定，頻率愈大的光能量愈強。我們可以概略把光分成紫外光、可見光和紅外光三大類，其中可見光就是我們人眼可見的各色光，例如彩虹的紅、橙、黃、綠、藍、靛、紫光；紫光的頻率最大、紅光最小。紫外光是頻率比紫光還大的光，而紅外光則是頻率比紅光還小的光。所以，紫外光的能量最強，可見光次之，紅外光最小。正是因為如此，每當紫外線超標時，我們要盡量待在室內。

## 光能與光電效應

19世紀末期的科學家發現，能量夠強（也就是頻率夠大）的光束打在金屬的表面，就會有帶負電荷的粒子——電子釋放出來！這種神奇的物理現象稱為「光電效應」。藉由光電效應，我們可以將光能轉換成電能，只

紅外光←■■■■■■■■■可見光■■■■■■■■■→紫外光

低←————————頻率（能量）————————→高

要在光束照射的金屬接上電線，就可以將釋放出的電子引導到電器中，產生電流。

許多科學家針對光電效應進行了研究，其中包括大名鼎鼎的愛因斯坦。其實，愛因斯坦獲得諾貝爾獎，並不是因為相對論，而是因為光電效應啊！

## 用半導體製成光電池

雖然利用光電效應，可以將光能轉換成電能，但很不幸的，這樣產生出來的電流實在是太小了，不符合經濟效益。一直到半導體出現，這項問題才獲得解決。

20 世紀中期，科學家發現，在不導電的矽中摻雜微量的特定雜質，可以大幅增加導電能力，形成導電性介於導體與絕緣體之間的「半導體」，而且只要控制加入的雜質量，就可以精確控制半導體的各項物理性質，這使得半導體很快在電機領域中占據一席之地。最重要的是，半導體也有光電效應！

半導體可以依照摻入的雜質種類，分為摻入磷、砷等元素的 n 型，以及摻入硼、鎵等元素的 p 型。由於矽在元素週期表中屬

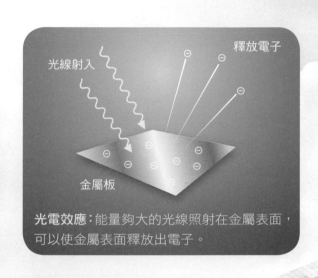

光線射入
釋放電子
金屬板

**光電效應：** 能量夠大的光線照射在金屬表面，可以使金屬表面釋放出電子。

影像來源：達志影像；繪圖：黃榆儒

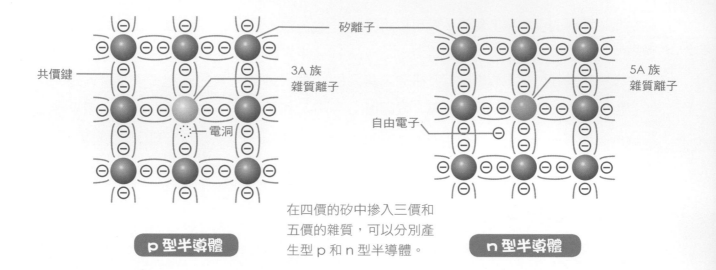

共價鍵

矽離子

3A 族
雜質離子

5A 族
雜質離子

自由電子

電洞

在四價的矽中摻入三價和
五價的雜質，可以分別產
生型 p 和 n 型半導體。

p 型半導體

n 型半導體

於 4A 族，有 4 個價電子，因此 n 型半導體中的磷、砷（5A 族），比矽多了一個價電子，多出的價電子有離開半導體的傾向。相對的，p 型半導體中的硼、鎵（3A 族），比矽少了一個價電子，使得 p 型半導體有從外界獲得電子的傾向。

說了這麼多，究竟要如何用半導體進行太陽能發電呢？第一步是將 n 型與 p 型半導體接合起來。這時 n 型半導體中帶負電的電子會自然的往 p 型半導體中擴散，最後 n 型半導體將帶正電，p 型半導體會帶負電，並且在這兩種半導體的接面處得到一個特殊的區域。如果太陽光的照射使得這個區域產生光電效應，放出電子的話，由於電荷同性相斥、異性相吸，帶負電的電子將會被 p 型半導體排斥，往 n 型半導體的方向流

動。接著，只要在表面覆蓋上幫助導電的金屬電極，並接上導線，電子就可以從半導體中輸送出來，產生電流，如此一來就成功的將光能轉換成電能了！

這樣製造出來的太陽能發電設備，稱為「光電池」。目前絕大多數的太陽能發電都是用光電池進行的，兩者幾乎可以畫上等號！用半導體製成光電池，和早期直接利用金屬的光電效應相比，對光的敏感程度更高，光能轉換成電能的效率更是天壤之別。

## 太陽能發電的疑慮

太陽能發電有沒有缺點呢？當然有。很顯然的，只要沒有陽光，光電池就沒辦法運作，也就是說只要到了晚上或是白天天氣不佳時，太陽能發電就會中斷。當然，人類已

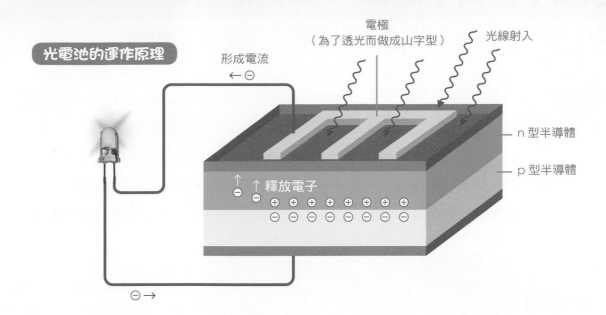

**光電池的運作原理**

形成電流
← ⊖

電極
（為了透光而做成山字型）

光線射入

n 型半導體

p 型半導體

↑ ↑ 釋放電子
⊖ ⊖ ⊕ ⊕ ⊕ ⊕ ⊕ ⊕ ⊕ ⊕
⊖ ⊖ ⊖ ⊖ ⊖ ⊖ ⊖ ⊖ ⊖ ⊖

⊖ →

影像來源：達志影像；繪圖：黃榆儒

經想到了一個替代方案，那就是把陽光普照時產出的電先用蓄電池儲存起來，等到太陽能發電暫時失效，就可以將電放出來使用。

然而，一般蓄電池都受到「能量轉換效率」的限制，也就是存進去的電能無法完全放出來。以最常搭配太陽能電池的鉛蓄電池而言，其能量轉換效率平均為 85～90%，代表存進去的電能有 10～15%「憑空消失」，相當可惜。另外，蓄電池中經常含有對環境有害的成分，例如鉛蓄電池中的重金屬鉛、鋰電池中的有機溶劑等，若處理不當，可能會造成嚴重的汙染。

說到汙染，其實光電池生產的過程中，也會產生許多汙染物！光電池的主成分是矽半導體，半導體工廠在將矽精煉至符合半導體使用標準的過程中，會產生有劇毒性的副產物「四氯化矽」。為了將製造出來的半導體晶圓表面磨平，還得使用「氫氟酸」沖洗，這是一種強腐蝕性的物質。這些汙染物的處理所費不貲，因此有些不肖廠商便將其任意排放，對環境造成難以挽回的傷害。

光電池發明至今，工作效率雖然有長足的進步，但是目前接收到的太陽能，可轉換成電能的比例還不到 50%，這也是太陽能發電尚未普及的原因之一。如何增加光電池的效率，並減少製造過程帶來的環境汙染，將是太陽能發電面臨的重大挑戰。

**作者簡介**

趙士瑋　目前任職專刊律師事務所，與科技相關的法律問題作伴。喜歡和身邊的人一起體驗科學與美食的驚奇，站上體重計時總覺得美食部分需要克制一下。

# 頭頂上的再生能源——太陽能發電

國中理化教師 高銓躍

關鍵字：1. 再生能源　2. 電子　3. 電流　4. 半導體　5. 能量轉換　6. 蓄電池

**主題導覽**

　　太陽能發電是利用太陽光轉換成電能，供人類使用，分成聚光式和光電池兩大方式。光電池是利用光線照射在金屬表面會產生電流的光電效應，加上半導體對光有更高的敏感度，而能有更佳的轉換效率之特性，使得太陽能發電獲得實現。

　　然而目前太陽能發電並非完美無瑕，仍然有許多瓶頸需要科學家加以克服；如何減少製造過程帶來的汙染也是一大挑戰。

**挑戰閱讀王**

看完〈頭頂上的再生能源——太陽能發電〉後，請你一起來挑戰以下三個題組。

答對就能得到🖑，奪得 10 個以上，閱讀王就是你！加油！

◎太陽是地球能量的主要來源，它以直接或間接的方式供給地球能量，請你回答下列問題：

（　）1.由文章內容我們可以得知，光的能量與下列何者有關？

　　　　（這一題答對可得到 1 個🖑哦！）

　　　　①光的頻率　②光的亮度　③光的速度　④傳播光的介質種類

（　）2.下列哪一種能源的來源不是直接或間接來自太陽光？

　　　　（這一題答對可得到 1 個🖑哦！）

　　　　①化石燃料，如：煤和石油　②風力　③地熱　④水力

◎光電效應由德國物理學家赫茲於 1887 年發現，而後由愛因斯坦加以解釋，對發展量子理論及波粒二象性起了根本的作用。

（　）3.由文章內容可知，光電效應是由足夠能量的光打在金屬表面而產生電流，電流是因為釋放出何種粒子？（這一題答對可得到 2 個🖑哦！）

　　　　①光子　②離子　③電子　④中子

（　　）4. 光電效應產生的電流十分微弱，幸而何種物質的發明，才使得光電效應有
　　　　了重要的作用？（這一題答對可得到 2 個👍哦！）
　　　　①半導體　②電阻　③電容　④二極體

◎半導體是在矽中加入某些特定雜質，使得原本不導電的矽，大幅增加導電能力，
　透過調整加入雜質的量，便可以精準控制半導體的性質。

（　　）5. 由文中內容可知，P 型半導體是在矽中加入哪些元素，而獲得何種性質？
　　　　（這一題答對可得到 2 個👍哦！）
　　　　① 5A 族的磷、砷，具有使電子離開半導體的傾向
　　　　② 5A 族的磷、砷，具有從外界獲得電子的傾向
　　　　③ 3A 族的硼、鎵，具有使電子離開半導體的傾向
　　　　④ 3A 的硼鎵，具有從外界獲得電子的傾向

（　　）6. 將 P、N 兩種半導體相互接觸，會得到一個特殊的 PN 接面，當受到光線
　　　　照射時，會產生光電效應而形成電流。由文章內容可知，此時電子的流向
　　　　為何？（這一題答對可得到 2 個👍哦！）
　　　　①由 P 型半導體流向 N 型半導體
　　　　②由 N 型半導體流向 P 型半導體
　　　　③視光照強度不同而有不同流向
　　　　④沿著 PN 接面方向水平流動

◎太陽能發電有兩種主要類型：聚光式太陽能發電以及太陽能光伏技術，亦即文中
　所介紹的光電池。

（　　）7. 太陽能發電仍有許多困境尚待克服，下列何者不是可能的困境之一？
　　　　（這一題答對可得到 1 個👍哦！）
　　　　①無法 24 小時不間斷地發電
　　　　②儲存電能的鉛蓄電池轉換相當好
　　　　③太陽能轉換成電能的轉換效率太差
　　　　④太陽能電池製作過程產生的汙染物，處理成本高

**延伸思考**

1. 太陽能發電除了能量轉換效率不夠高，仍待科學上的突破與技術上的研發外，太陽光照在地表的總能量雖然大，但是「能量密度」（每平方公尺獲得的能量）卻不高，因此需要相當大的面積來鋪設太陽能板，才可以獲得足夠的能量。這並非科技進步就能突破的現實問題，可能會造成哪些太陽能發電發展上的困境呢？

2. 如何處理廢棄的太陽能板？ 2020 年 3 月 27 號，臺灣的太陽光電回收處理體系終於上路。請你查查看關於太陽能板的回收再利用資訊，了解發展太陽能產業未來需要面對的相關問題。

3. 太陽能發電除了各項技術的瓶頸尚待克服之外，更重要的是發電成本偏高。請你搜尋相關資科，了解太陽能發電從建置發電設備，到廢棄太陽能板的處理，有哪些成本考量？平均每度電所需的成本和其他發電方式有何差異呢？

# 觸控螢幕 一點就靈

點點點、滑滑滑,從售票機到平板電腦,
觸控式螢幕在我們的生活之中已經非常普及了。
為什麼只是在玻璃板上動動手指,
電腦就能知道你想做什麼呢?
讓我們一同來揭曉觸控螢幕的運作原理。

撰文／林三永

## 用力按效果好——電阻式

觸控螢幕依原理不同,可以分成電阻式、電容式、波動(聲波、紅外線)式等。電阻式觸控螢幕的基板是二層玻璃,內側皆鋪上鍍有氧化銦錫的導電層,上下層以一些絕緣的「隔球」隔開,最外面再加上薄薄的防刮板。使用者透過按壓,讓上下層接觸而發出訊號,所以上層是材質較軟、觸摸後會有微小凹陷的薄玻璃或塑膠,下層則是比較硬的厚玻璃;隔球可以避免用久了以後材料變形,就算不碰也會造成短路而自行啟動。

電阻式螢幕在兩層導電層之間有電壓差異,形成一個電場;按壓時會讓上下層的電極接觸,造成短路和電阻改變,此時控制器測得面板電壓變化,而計算出接觸點位置、進而輸入對應指令。簡單來說,使用者觸摸螢幕表面時,上層受到手指或筆尖的壓力略微下凹、與下層接觸;電腦透過電阻變化,反推出接觸點在哪裡、代表什麼功能。

因為電阻式螢幕透過壓力操控,所以不一定要用手來控制,筆、信用卡等都可以操作,即使戴上手套也沒關係;不過如果「摸」得太輕,電阻式螢幕不會有反應,必須輕戳才行。電阻式螢幕成本低廉、技術門檻低,常見於附有觸控筆的個人數位助理(PDA)、店家的點餐櫃檯、電子字典、信用卡簽名機等。

然而,操作電阻式觸控螢幕時需要輕敲,久而久之它容易故障、不太耐用,而且靈敏度也不太好,畫畫、寫字並不流暢。

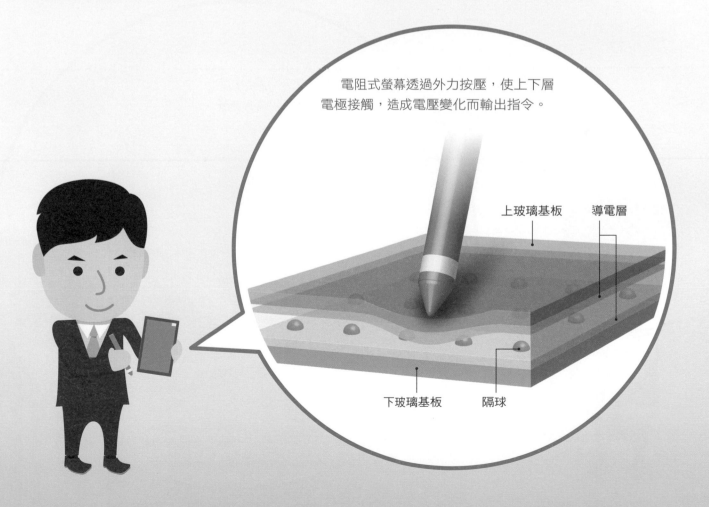

電阻式螢幕透過外力按壓,使上下層電極接觸,造成電壓變化而輸出指令。

上玻璃基板　導電層

下玻璃基板　隔球

繪圖:黃榆儒

## 愈滑愈順手──電容式

近年來造成滑手機風潮的，則是電容式觸控螢幕，它由多層材料結合構成，最外層是高硬度的防刮材質，中間層則是導電基板；表面電容式螢幕以周圍四邊或四個角當做電極放電，在表面上形成均勻電場。

電容是形容某物體「儲存電荷的能力」。當使用者接觸螢幕時，由於人體會導電，因此影響了面板的電容量；此時面板中的控制器就會依據四個角落所引發的電流變化差異，推算出手指的位置和該處代表的功能。

目前的智慧型手機、平板電腦大多都是電容式螢幕，它的優勢在於反應速度比電阻式快得多，使用者可以用手指輕鬆的「滑手機」，不必像使用電阻式螢幕一樣要用戳的。然而，電容式螢幕只能用可以導電的物體操控，因此觸控筆的筆尖也是以金屬纖維製成的。你可以試著拿布娃娃的手操作看看，手機不會有任何反應。此外如果有較大面積的導電體（如手掌或旁人）或導體接近電容式螢幕，就算沒接觸到也能引起電容式螢幕動作；當環境溫度、濕度改變（例如過熱）時，電場也發生改變，可能造成電容式螢幕控制不準確。

電阻、電容式螢幕的電極形狀、位置都需要一番設計，才能製造出均勻電場，所以這兩款面板都很難做大，最大約 20 幾吋。

電容式螢幕利用「人體會導電」這項性質，手指接觸螢幕會影響面板電容，推算出接觸位置。

$SiO_2$ 防刮材質

電極偵測器

上透明電極（感測）

玻璃基板

下透明電極（屏蔽）

## 觸控大螢幕——波動式

要製作大型觸控式螢幕，有賴這第三種運作原理：波動式觸控螢幕，它大體來說可分為表面聲波、紅外線兩種，原理很類似。

表面聲波式螢幕是在玻璃基板的角落安裝超音波發射器和接受器，基板的四邊則加裝反射條；當手指或軟性物質觸碰面板時會阻隔超音波，造成訊號衰減，衰減前與衰減後比對，就能計算出觸碰的位置。紅外線螢幕則是在玻璃面板相對的邊上安裝多個紅外線發射器和接收器，運作時形成紅外線網格；使用者操作時遮斷紅外線訊號，看哪個偵測器收不到訊號，就能得知觸碰點位置。

波動式螢幕最怕髒，灰塵、油汙甚至液體都會干擾波動傳遞，或造成錯誤判讀，所以使用者必須時常擦拭與清理。另外，紅外線螢幕不會受到電流、電壓和靜電干擾，但對外界光照比較敏感，在光影變化大時，會受干擾或誤判。🈹

作 者 簡 介

林三永　謎一般的《科學少年》特約科技記者。

特別感謝臺灣大學電機工程學系教授陳奕君。

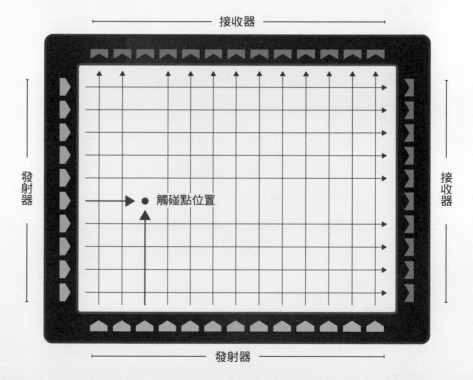

紅外線螢幕利用四周的發射器與接收器形成網格，經由偵測被遮斷的訊號，得知觸碰點位置。

接收器

發射器

接收器

觸碰點位置

發射器

繪圖：黃榆儒

## 觸控螢幕比一比

|  | 操作 | 感應訊號 | 缺點限制 |
|---|---|---|---|
| 電阻式 | 需施加壓力 | 偵測電壓 | 長期受壓容易壞 |
| 電容式 | 需以手指或能導電的東西接觸 | 偵測電容變化 | 必須用導體操作 |
| 波動式 | 擋住光或聲波的傳遞即可 | 偵測被阻斷的訊號 | 可能受髒汙干擾 |

# 觸控螢幕一點就靈

國中理化教師　高銓躍

關鍵字：1. 電場　2. 電位差　3. 電流　4. 電阻　5. 短路　6. 電容

**主題導覽**

　　智慧型手機是現代不可或缺的隨身物品，靈敏的觸控式螢幕則是智慧型手機的重要推手，這項技術讓我們在滑動手機畫面時，手機可以流暢的回應我們的動作。觸控式螢幕的應用廣泛，如提款機、電子字典、衛星導航機、店家的點餐櫃台、信用卡簽名機、電腦螢幕……等。

---

**挑戰閱讀王**

看完〈觸控螢幕一點就靈〉後，請你一起來挑戰以下三個題組。

答對就能得到👍，奪得 10 個以上，閱讀王就是你！加油！

◎「電場」的概念最先由科學家法拉第所提出，電荷在其周圍會建立起電場，其他電荷進入此電場中便會受電場作用，產生排斥或吸引的靜電力。

（　　）1.依據你在學校所學，有關靜電力的描述何者錯誤？

　　　　（這一題答對可得到 2 個👍哦！）

　　　　①是不需要接觸即可產生力的效應的超距力

　　　　②兩個電荷若是帶異性電（一為正電、一為負電），會產生吸引的力量

　　　　③靜電力的大小與兩電荷之間的距離成反比

　　　　④靜電力的大小與兩電荷的電量乘積成正比

（　　）2.電荷在電場中會受到靜電力作用而移動就會形成電流，電流的大小則為每秒鐘通過一截面的電荷多寡。有關電流的描述，何者正確？

　　　　（這一題答對可得到 1 個👍哦！）

　　　　①只能由帶負電的電子移動而形成

　　　　②電流的大小與通過的截面面積大小有關

　　　　③電流亦會產生磁場

　　　　④在金屬導線中，是由帶正電的原子核移動而形成電流

◎將各種電子元件以一定的方式連結，為電荷流動提供路徑，而使電子元件能發揮作用的構造稱為電路，最基本構造需包含以下三部分：電源、導線和電器。

（　　）3.驅動電荷移動形成電流的原動力稱為電壓或電位差。如同水在水管中受抽水馬達的驅動而流動形成水流，電荷在電路中受電源的驅動而移動，形成電流。根據此段描述，下列何者的比喻是合理的？

（這一題答對可得到 2 個👍哦！）

甲：水量相當於電荷多寡

乙：水管相當於導線

丙：抽水馬達相當於電源

丁：水壓相當於電壓

①甲、乙、丙、丁　②乙、丙、丁　③甲、丙、丁　④甲、丁

（　　）4.電荷在移動過程中所受到的阻礙大小，稱為電阻，可表達為：電阻＝電壓／電流，下列何者錯誤？（這一題答對可得到 2 個👍哦！）

①任何電器的電阻必為固定值

②若電壓不變，則電阻變小，電流會變大

③若一元件的電壓與電流始終保持正比，稱為歐姆式元件

④由文中描述可知，電阻式觸控面板即是透過按壓螢幕而改變電阻，進而使電壓產生變化來進行操作

（　　）5.短路是指電路被電阻非常小的導線並聯，而產生極大的電流，例如將電池的正負兩極直接以導線相連結，即是短路。依據你國中所學，有關短路的敘述何者錯誤？（這一題答對可得到 2 個👍哦！）

①電路發生短路時，可能使電器的效能大幅提升

②電路發生短路引起的極大電流，可能造成導線高溫而熔毀絕緣外層，引發電線走火

③短路容易發生在插頭與導線連接處，以及導線與電器連接處

④為避免發生短路時引發危險，應在電路中安裝合格的保險絲

◎觸控式螢幕大致上有三種類型：電阻式、電容式和波動式。

（　　）6.依文中所述，現在智慧型手機使用的是哪一種？具有何種優勢呢？

（這一題答對可得到 1 個👍哦！）

①電阻式，成本便宜

②電容式，不易受環境的溫度、濕度改變而影響

③波動式，可設計出大面版的螢幕

④電容式，反應速度快

（　　）7.依文中描述可知，哪一種觸控式螢幕最不容易受到靜電、電流和電壓的影響，而產生干擾和誤判？（這一題答對可得到 1 個👍哦！）

①電阻式　②電容式　③波動式　④三種皆容易受影響。

## 延伸思考

1.懸浮觸控技術是指在距離面板 2 ～ 3 公分處就可感測到使用者動作，進而做出翻頁、跳轉等反應，因此不僅可以通過手指來觸控，即便手指不觸碰到螢幕也能執行指令的技術，目前各大手機廠都積極投入研究開發。請你上網搜尋此技術目前之發展，與觸控式螢幕未來有什麼發展性。

2.可凹可折的軟性螢幕，也是近年來螢幕科技發展的重點，目前在手機、汽車、筆電和家庭 3C 產品中，都可以看見它們的蹤影。請你上網搜尋軟性螢幕的發展，了解它的技術，並與文中介紹的螢幕比較優缺點。

3.觸控式螢幕結合不同感測器，增加了許多不同功能和附加價值，如指紋辨識系統、壓力感測、觸覺感觸、智慧音箱等。請你上網搜尋觸控式螢幕還應用在什麼不同的產品上。

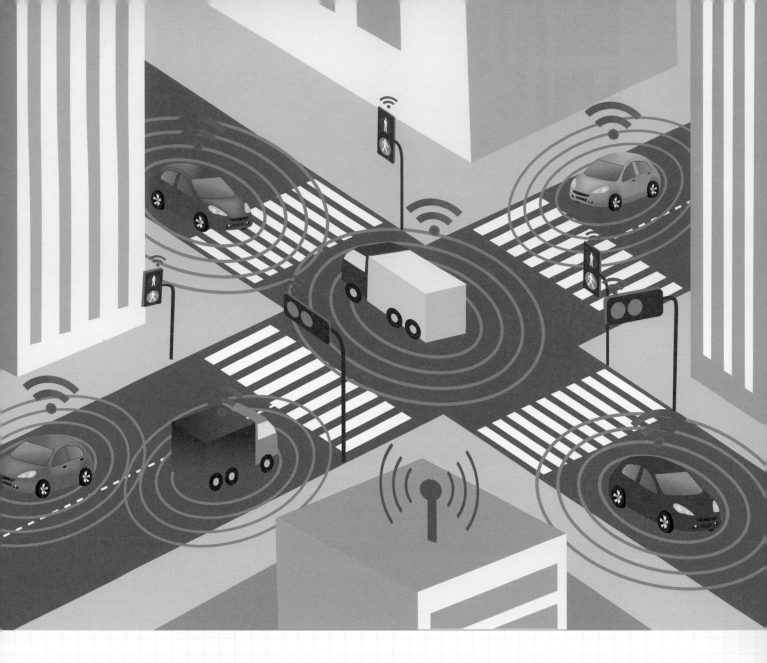

# 未來智慧

# 自動駕駛車

在不久的將來，就算沒有人坐在駕駛座上，汽車也能順利的在馬路上穿梭！讓我們一起來探究，如何打造自動駕駛車。

撰文／趙士瑋

圖片來源：達志影像

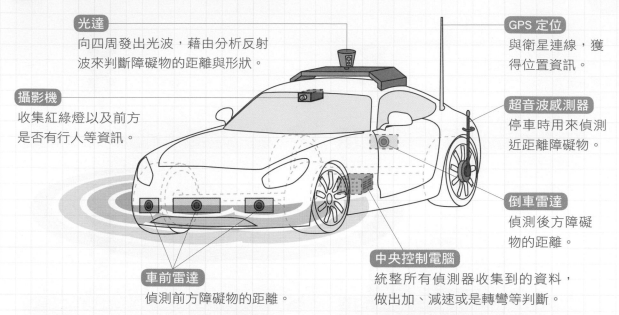

## 自動駕駛車的秘密武器

**光達**
向四周發出光波，藉由分析反射波來判斷障礙物的距離與形狀。

**攝影機**
收集紅綠燈以及前方是否有行人等資訊。

**GPS 定位**
與衛星連線，獲得位置資訊。

**超音波感測器**
停車時用來偵測近距離障礙物。

**倒車雷達**
偵測後方障礙物的距離。

**車前雷達**
偵測前方障礙物的距離。

**中央控制電腦**
統整所有偵測器收集到的資料，做出加、減速或是轉彎等判斷。

自動駕駛的技術，其實已經廣泛應用在飛機、火車、捷運等交通工具上，讓駕駛的負擔減輕一些，不用時時刻刻聚精會神。然而，這類自動駕駛都是在非常安全、穩定的環境中才能進行，比方說飛機是在周圍數公里空無一物的高空中直直向前飛，火車則是單純沿著軌道前進。是否有朝一日，在路況千變萬化的市區道路、高速公路上，我們也能看到能自動駕駛的汽車呢？隨著科技的進步，我們離這樣的未來愈來愈近了。讓我們一起來認識即將顛覆人類生活的「自動駕駛車」！

### 自動駕駛車的「眼睛」

打造自動駕駛車所面臨的第一個困難是，怎麼樣才能在行駛中避開障礙物？人類駕駛可以利用視覺判斷前方路況，至於汽車的「看」就沒那麼簡單了。自動駕駛車配備各種感測器，不論使用雷達或紅外線，原理皆是向四面八方發射電磁波，並偵測反射回來的波以判斷障礙物的位置。如果是像行人或其他車輛等會移動的障礙物，也可以在很短的時間內連續發射電磁波，藉由反射時間的變化計算出其移動的方向和快慢。

假如在知道障礙物存在之餘，還能得知其形狀、大小，自動駕駛車的閃避將會更加準確，這也是為什麼「光達」技術開始被應用在自動駕駛車上。光達利用與雷射相似的原理，向空間中的所有角度發射光，偵測反射的距離，從而建立周圍的 3D 立體掃描影像。雖然這樣得到的立體影像沒有顏色，不過從障礙物表面的起伏輪廓，仍可以更了解其屬性，例如辨別前方是繞得過去的電線桿還是一堵牆，這樣一來自動駕駛車才能選擇合適的閃避方法。

除了光達之外，影像辨識技術也是自動駕

## 車聯網如何減緩塞車？

塞車了……怎麼綠燈還不走？

等前面離遠一點再走。

GO！

等前面離遠一點再走。

GO！

▲現在的路面交通在紅燈轉綠時，為了保留安全車距，後方的車會讓前車先開一段距離後才開始移動，造成前後車的距離拉得很長。

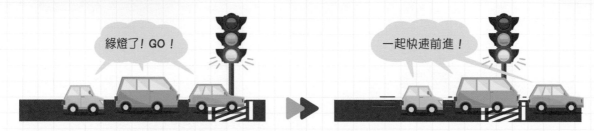

綠燈了！GO！

一起快速前進！

▲若是每輛車都用車聯網互相聯絡，在紅燈轉綠時，三輛車約好同時前進，車距就可以縮短，讓道路在同一時間內能消化的車流增加，舒緩塞車問題。

駛車了解周遭世界的重要「眼睛」。自動駕駛車上的攝影機拍攝影像後，電腦程式將顏色、強度不同的色塊劃分出來，依其邊界描繪影像中各個物體的輪廓，再和資料庫比對，判斷這些物體究竟為何。如果缺少影像辨識的輔助，只靠光達立體影像，有時不容易區分形狀相似的物體（例如路樹、路燈都是又細又高）。

如同人類駕駛，自動駕駛車行駛時需要持續注意周圍環境。同時運用不同的感知方法互相輔助，可以將判斷錯誤、發生意外的機率降到最低。

### 團結力量大：車聯網

報章雜誌上愈來愈常出現的「物聯網」，是將萬「物」彼此相「聯」的「網」路系統。

未來，物聯網要是應用在汽車自動駕駛上，就可以將自動駕駛車的效益發揮到最大，將汽車透過網路連結起來，稱為「車聯網」。

在車聯網中的自動駕駛車，可以透過無線網路快速交換資訊，例如要停靠路邊或切換車道時，可以直接傳送訊息給周圍的其他自動駕駛車，讓它們先行減速或避開。還能進行更大規模的資訊交換，如前方有交通意外、道路整修等情形時，可以知會附近一定範圍內的車輛，以利事先規劃改道行駛。

不過光是這樣還不夠，車聯網的終極目標是統一操控整條路上所有的車輛，將其速度同步，如此一來車流順暢度可以大幅提升。你是否曾有這樣的疑惑：既然路上的車都一起往前開，怎麼還會塞車呢？其實塞車是相當複雜的現象，在此舉個簡單的例子：當一

繪圖：黃榆儒

排停著的車輛由靜止啟動時（像是紅燈變綠燈），由於人類駕駛難免害怕撞上前車，因此會等待前車行進一段距離才啟動，造成過大的車距。車距一增加，同一條路上能容納的車輛就減少，如果湧入的車輛不減，自然會「堆積」起來——也就是塞車。

反之，若能藉著車聯網，同時給予路上所有自動駕駛車前進的指令，那麼理論上就能省下等待前車前進所產生的車距。加以行進間車輛隨時溝通著彼此的動向，不用擔心前車急煞（就算發生，自動駕駛車的反應時間也比人類駕駛快得多），可以不用保持那麼大的安全間距，甚至速限也可以提高。總而言之，自動駕駛車藉車聯網互通有無，將大幅提升道路的車輛容量，有效舒緩塞車的問題。

然而，這樣的理想狀況必須要路上所有車輛皆是自動駕駛車才有可能實現，只要有一兩個人類駕駛混雜其中，就會嚴重擾亂精密的車聯網系統。從人類駕駛過渡到自動駕駛的過程中，這是值得注意的問題。

## 沒有駕駛的世界

有朝一日，所有車輛都採用自動駕駛時，汽車的設計、城市的風貌會有什麼變化？首當其衝的當然是汽車不再需要「駕駛座」，車內的空間規畫可以更彈性。坐在前排的人或許也可以轉向後方，和後排的乘客面對面！另外，自動駕駛車不需要現今用來和其

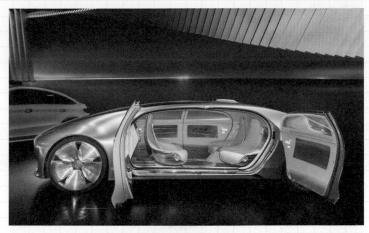

▲賓士汽車在 2015 年發表的自動駕駛車，讓乘客可以面對面交談，並在內裝上運用了大量的螢幕，乘客可以藉由觸控螢幕控制車速，或是看影片放鬆心情。

他車輛「溝通」的車頭燈、喇叭等設備，有助減輕光害和噪音。

道路的設計也會因為自動駕駛車的普及大幅改變，既然何時該走、該停、加速、減速皆可用車聯網控制，紅綠燈、警告標誌等將不復存在，不過為了保持自動駕駛車隨時連結到高速的無線網路，相關的基地台等設備可能會增加。

同時，由於自動駕駛車提升了道路的車流效率，城市中的車流不需要這麼多車道即可容納，交通管理單位可以選擇縮減車道數量、降低道路總面積，如此一來，城市裡就會空出大量的空間，可以好好利用。

是不是等不及自動駕駛車來顛覆你我的想像了呢？且讓我們拭目以待吧！

作者簡介

趙士瑋　目前任職專刊律師事務所，與科技相關的法律問題作伴。喜歡和身邊的人一起體驗科學與美食的驚奇，站上體重計時總覺得美食部分需要克制一下。

# 未來智慧：自動駕駛車

國中理化教師　高銓躍

關鍵字：1. 雷達　2. 電磁波　3. 紅外線　4. 超音波　5. 反射

## 主題導覽

　　自動駕駛技術已經廣泛應用在安全、穩定的環境，如飛機、火車、捷運等交通工具上。雖然許多科幻電影中，自動駕駛汽車追逐的畫面時有所見，但這項技術仍在發展中，目前僅能運用在如高速公路等交通狀況較簡單的道路上，協助減輕駕駛的操作負擔。福特汽車預估在 2025 年左右，可推出能在一般道路上行駛，並且大眾可負擔的自動駕駛車。

## 挑戰閱讀王

看完〈未來智慧：自動駕駛車〉後，請你一起來挑戰以下兩個題組。

答對就能得到👍，奪得 10 個以上，閱讀王就是你！加油！

◎為了讓自動駕駛車可以「看到」各種路況，因此配備了各種裝備，如雷達、光達、紅外線、超音波、GPS 和影像自動辨識系統等。

（　　）1. 雷達是英文「無線電偵測和定距」的縮寫 RADAR 所音譯，是將電磁波以定向方式射入空間中，以探測物體的距離、速度等資訊。根據此段描述，雷達的作用原理，與下列何現象的原理最相近？

（這一題答對可得到 1 個👍哦！）

①站在平面鏡前可以看見自己的成像

②透過凸透鏡看物體，可以看到放大的影像

③太陽光經過三稜鏡會產生七彩色光

④物體在太陽光的反側，會產生陰影

（　　）2. 所謂的光達（LIDAR）是指光學遙測技術，與雷達的原理相似，差別在雷達使用波長較長的電磁波，與物體表面接觸時，被吸收較少，因此可以探測的距離較遠；光達則是利用快速雷射脈衝（頻率通常可高達 150000HZ），可精確探測物體尺寸。下列何者不是光達系統採用的雷射

性質？（這一題答對可得到 2 個👍哦！）

①雷射光是單色光　②能量高度集中

③傳播速度比電磁波更快　④光束細而直，不易擴散

（　　）3.自動駕駛車利用超音波和影像辨視系統，來完成自動停車的功能。有關超音波的性質描述，下列何者錯誤？（這一題答對可得到 2 個👍哦！）

①比一般的聲波傳播速度更快

②頻率超過 20000HZ，人耳無法聽見

③因振動頻率高，在水中會產生微細的真空氣泡，氣泡爆泡時釋放出能量，達到清洗物體表面的功能

④因波長極短，可用於檢測物體的細微裂縫

（　　）4.雷達感測的價格昂貴，且在惡劣天氣下，感知功能會受影響而使精確度下降，搭配紅外線感知技術，可以解決此問題。關於紅外線的性質描述，下列何者錯誤？（這一題答對可得到 2 個👍哦！）

①地球從太陽獲得的能量中，超過一半是由紅外線提供，其次才是可見光

②室內物體放出的熱輻射通常在此波段，因此可利用紅外線夜視裝置，在不被察覺的情形下，在夜間觀察人或是動物

③溫室氣體如二氧化碳，會吸收地表發射的紅外線而造成溫室效應

④是波長比可見光更短的電磁波，人的肉眼無法看見

（　　）5.光達偵測系統對於外形相似的物體，如路樹和路燈，辨識效果並不好，依文章描述可知，需搭配具學習功能的 AI 人工智慧和何種系統，才能達到解決此問題的目的？（這一題答對可得到 2 個👍哦！）

①超音波系統　② GPS 定位　③影像辨識系統　④車前雷達系統

◎所謂的物聯網是把所有物品，通過各種無線通訊技術和感測設備，與電腦網路連接起來，實現智慧化識別和管理的目的。車聯網則是將所有的車輛，以相同的模式，達到人工智慧統一管理的目的。

（　　）6.由文章描述，自動駕駛車結合車聯網可能可以解決下列哪項問題？

（這一題為多選題，答對可得到 2 個👍哦！）

①塞車　②減少安全車距所需的距離

③提高行車車速　④提升道路車流效率，進而減少所需道路總面積

**延伸思考**

1. 2018 年 10 月印度尼西亞獅子航空 610 號班機空難、2019 年 3 月衣索比亞航空一架波音 737 MAX 8 型飛機在起飛階段墜毀，機上人員全數遇難，兩起事件可能都與自動駕駛系統問題有關，美國聯邦航空總署（FAA）因而下令波音 737 MAX 機型停飛。自動駕駛要應用在比飛航更為複雜的道路上，可能會面臨什麼樣的困難呢？

2. 美國國家公路交通安全管理局（NHTSA）為自動駕駛建立了五等級分類系統，請上網查尋分類的標準，目前市面上的自動駕駛技術能達到何種等級呢？

3. 在科幻電影中，如 2004 年的《機械公敵》、2017 年的《玩命關頭》、日本動畫《極速戰警》等，科幻小說如艾西莫夫的《Sally》，都有許多自動駕駛車登場的情節。請找一部電影或小說觀賞後，試著討論自動駕駛車有哪些優缺點。

# 炸藥之父 諾貝爾

諾貝爾是瑞典化學工程師，他藉由炸藥的發明和油田的開發而成為巨富，卻在遺囑中聲明要利用這份財富頒獎給在過去一年對人類社會有最大貢獻的人，因此成立了諾貝爾獎，每年在他逝世的 12 月 10 日，都會在瑞典舉行頒獎典禮。

撰文／水精靈

諾貝爾 1833 年出生於瑞典斯德哥爾摩，他的父親在俄國從事軍用機械的製造工作，9 歲時，事業有成的父親將全家人接到俄國。由於自小就體弱多病的諾貝爾無法正常上學，父親為他請了家教，教導自然科學、語言及文學等領域的知識。諾貝爾的學習成績非常好，才 16 歲就已經精通瑞典文、英文、法文、俄文和德文五國語言。

1852 年，諾貝爾與兩位哥哥開始協助父親工廠的研究開發工作。隔年，克里米亞戰爭爆發，軍火供不應求，工廠因生產大量軍用物資供應俄軍而賺了不少錢。

## Mission Impossible

最初，炸藥產自中國，在唐朝人們將硝石、硫磺與木炭以一定的比例混合而成黑火藥，後來通過絲路傳到歐洲。19 世紀，瓦特蒸汽機帶動的工業革命導致歐洲對於煤鐵的需求大增。為爭奪資源和市場，往往爆發一連串的戰爭，軍事上也要求製造更強有力的武器，促使許多化學家開始研製炸藥。

1837 年，法國化學家貝羅茲用濃硝酸處理棉花時，得到硝化纖維，他一個不小心，將它丟入火中，付出的代價是一整棟房子。

1847 年，義大利化學家索布來洛在偶然間把製造肥皂的副產品甘油與濃硫酸、濃硝酸混合，得到一種油狀透明液體，也就是硝化甘油。他為了測定硝化甘油的成分，把一滴硝化甘油放在試管裡加熱，結果試管猛烈的炸了開來。他付出的代價是手與臉遭到嚴

就算在我的一千個點子中，
最終只有一個能實現
並有好的結果，
我也會對此感到滿意。

31

左圖為諾貝爾創立的公司裡研發炸藥的實驗室；右圖為工人在工廠前裝填炸藥。

重的炸傷與面目全非的實驗室。

由於硝化甘油的不穩定性，這位老兄乾脆將它束之高閣，完全沒意識到這是一項偉大的發明，直到這東西交到諾貝爾手上！

某天，聖彼得堡大學的教授齊寧拜訪諾貝爾父子，請求製造一種威力極大的新炸藥。

諾貝爾：「來者何人？」

齊寧：「齊寧教授！」

諾貝爾：「手拿何物？」

齊寧：「洋人的東西！」

只見齊寧教授從箱子裡小心翼翼的取出一個小瓶，往一塊鐵板上倒出一滴黏稠的油狀物體。接著他拿起鎚子一擊而下，「轟！」的一響，伴隨著刺眼的光亮與一團兩尺高的大火。

齊寧說：「這就是硝化甘油，比傳統使用的黑色火藥爆炸力大十倍。但20年過去了，誰也沒法搞清楚它的性質，所以無法製成炸藥使用，連它的發明者都被炸傷。不知貴工廠敢不敢接受這個任務？」

諾貝爾的父親一見，身為發明者的血液頓時沸騰起來，馬上應諾。

「我接受！」

「你哪裡來的自信？」教授挑了眉間。

「自信，來自我的專業！」諾貝爾父子齊聲說道。

## 引爆原理的研究

接下這個近乎不可能的任務之後，更糟糕的事還在後頭。1855年，沙皇尼古拉去世，俄國皇室動盪不安。1856年戰爭結束，俄國戰敗，新政府片面毀約，導致工廠訂單急劇下降，不久諾貝爾父子的公司宣布破產。接著工廠意外大火，全家在一夜之間成了窮光蛋。

父親帶著悲傷的心情與母親一起回到瑞典，留下諾貝爾兄弟在聖彼得堡處理破產的善後事宜。諾貝爾白天忙碌於工作，晚上則是研究硝化甘油。他發現硝化甘油必須四面八方同時受熱或撞擊，才會發生爆炸，否則只會燃燒，但在實際工程運用時，硝化甘油的使用量很大，要引爆這麼大量的硝化甘油，成了困難的課題。

於是他訂下目標：得先找出安全引爆硝化甘油的方法，之後再找出引爆物，這樣硝化甘油才有實用的價值。

1862 年 5 月，諾貝爾嘗試進行了一項引爆實驗。他把裝有硝化甘油的玻璃瓶放入一個錫罐內，四周再裝滿黑色火藥，然後用一條引信連接。待一切就緒後，他點燃引信，往河裡一丟，「轟！」的一聲巨響，水花飛濺，河面掀起一道高聳的水柱，證實了諾貝爾的推測——藉著黑色火藥的爆炸，可引發硝化甘油更強烈的完全爆炸。

諾貝爾高興的回到故鄉告知父親這個好消息，並新建了一間小工廠，開始製造硝化甘油。

不過，成功的喜悅並沒有持續太久。

## 沉痛的代價

1864 年 9 月，一場驚心動魄的爆炸震得人們的耳根子發麻，地面顫動，教堂的大塊玻璃墜落粉碎。諾貝爾那間新建的硝化甘油工廠在一場爆炸中被移為平地，有五人血肉橫飛，弟弟埃米也在爆炸中喪生。

父親受此打擊，一病不起。

在病床上，父親緊握諾貝爾的手，張開嘴，顫抖的嘴唇似乎要說些什麼。

「能力愈大，責任就愈大。你避不了的……。」

「爸！別再說話了，你好好休息。」

父親閉上雙眼，離開了人世，那雙粗糙卻逐漸失去溫暖的大手仍是緊緊握著諾貝爾，一旁的母親早已淚流滿面。

關上房門，諾貝爾兄弟三人對於是否繼續研究起了爭執。

「為了大家的性命，放棄這該死的實驗吧！」

「我的老天！看看埃米的下場！」

「研究不能停！」諾貝爾握緊拳頭疾呼。（謎之音：安西教練也說過：『如果放棄的話，比賽就結束了。』）

最後在諾貝爾的一番勸說下，三兄弟繼續了有關炸藥的研究。

這次爆炸帶來的慘痛結果，迫使他們遷移到馬拉湖上的

## 諾貝爾大事紀

- 1833 年出生於瑞典的斯德哥爾摩，自幼健康狀況不佳。

- 9 歲時父親在俄國的事業已有小成，一家人遷居聖彼得堡，家境才逐漸轉好了起來。

- 17 歲前往西歐及美國求學。兩年後回到聖彼得堡，與兩位哥哥共同協助父親工廠的研究開發工作。

- 30 歲開始致力於強力炸藥——硝化甘油的安全性相關研究。

- 32 歲發明了雷管，解決炸藥引爆的難題。

- 33 歲成功的利用矽藻土吸收硝化甘油，試製出穩定的固體炸藥。諾貝爾將它命名為「dynamite」，即後來的矽藻土炸藥。

- 43 歲發明了威力更強且不怕潮濕的「明膠炸藥」。

- 54 歲發明了爆炸後無煙、無殘渣的「無煙炸藥」。

- 62 歲留下遺囑，為了補償他發明炸藥對人類所造成的傷害而設立了諾貝爾獎。

- 63 歲辭世。

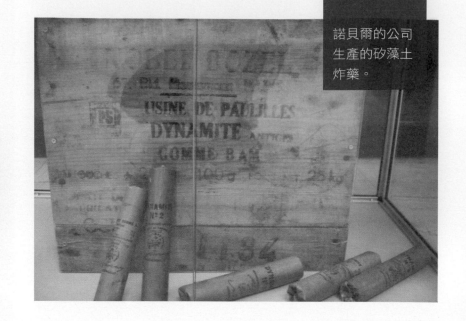

小船中進行實驗。雷酸汞具有稍微打擊或震動立即爆炸的特性，1865 年諾貝爾利用它製成了引爆裝置「雷管」，能使火藥（不限於硝化甘油）完全爆發。

那天諾貝爾在湖岸邊進行引爆實驗。他才把雷管安裝好，點完火轉身離開時，突然一聲沖天巨響，強大的氣浪掀起了濃重的黑煙、塵土。

遠處觀望的人們都以為這回諾貝爾肯定蒙主恩召，而他的母親則是用顫抖的手在胸口劃了十字並說：「我那可憐的孩子！」

可是，滿臉血汗的諾貝爾，卻出人意料的從濃煙中跑了出來，身上有幾處還帶著火苗，興奮的喊道：「試驗成功了！雷管讓硝化甘油暴走啦！Go To TNT！ Go To TNT！」

雷管的發明，奠定了爆炸技術的「引爆原理」基礎，硝化甘油炸藥開始投入應用，讓爆破的工程進度加快很多，訂單蜂擁而至，產品供不應求。

## 安全炸藥

雖然硝化甘油已能安全引爆，但由於人們對它的性質認識不清，例如不耐搖晃撞擊、對溫度變化敏感的特性，因此在運輸和攜帶過程中事故不斷。還有人以為它是一種油，隨手取來潤滑車輪、擦皮鞋甚至點燈！

世界各地的交通工具、倉庫、工廠紛紛傳來爆炸事故。諾貝爾被視為死神的化身，硝化甘油根本就是移動型天災！每當這些傷亡的家屬來敲諾貝爾家的門，他只能不停道歉，母親則是含著淚水站在一旁。

究竟如何發明一種威力強大又能安全使用的炸藥呢？諾貝爾再度投入研究，想要找出不減少爆炸威力，又能夠提高安全性且容易搬運的方法。最後，他想出兩個解決辦法，一是在硝化甘油裡頭加入甲醇，要使用時再分離出來，但太費事了；另一種就是用固體物質來吸收硝化甘油。

他試了許多材料：紙、木炭、煤塊、水泥、石膏、黏土、金坷拉，最後他利用一種產於德國北部的多孔矽藻土（矽藻的化石殘骸堆積而成），它有許多小孔，吸收力強，重量很輕，化學性質穩定。諾貝爾用它製成了像

傳播知識就是播種幸福。
科學研究的進展
及日益擴大的領域，
將喚起我們的希望。

黏土一樣軟硬適中的固體炸藥，從高處投落或是放在鐵板上敲擊都不會爆炸。諾貝爾將它命名為「矽藻土炸藥」。

經過安全測試之後，諾貝爾的公司立即大量生產，行銷歐洲各國。1868 年，工廠的年產量還只有 78 公噸，到 1874 年已經上升到 3120 公噸！他在 14 個國家建立了 16 座炸藥工廠，奠定了他炸藥王國的勢力與財產基礎。

諾貝爾的炸藥研究並未停下腳步。1875 年，他無意間發現硝棉膠與硝化甘油混合在一起，能夠產生一種類似果凍般的膠質合成物，威力更強且不怕潮濕，諾貝爾將它命名為「明膠炸藥」。

1887 年，諾貝爾把少量樟腦加到硝化甘油和明膠炸藥中，又發明了「無煙炸藥」，它爆炸後無殘渣且幾乎無煙，被當成軍用火藥販售到世界各國。

這兩種安全炸藥發明後，馬上被廣泛用於開礦、築路與軍事，炸藥的產量大幅上升，諾貝爾的財源也滾滾而來。到諾貝爾去世前，他的公司已分布全球 21 個國家，工廠數有 93 家，炸藥年產量為 6 萬 6500 公噸，堪稱軍火之王！

諾貝爾一生和炸藥打交道，得了一種「硝化甘油頭痛症」，還有慢性支氣管炎、慢性傷風。在他心臟病發作時，服用的正是低劑量的硝化甘油。

## 悲劇般的愛情

　　諾貝爾一生沒有妻室兒女，也沒有固定住所。他曾說：「我在哪裡工作，哪裡就是我的家。」他一生三次短暫的愛情生活都以悲劇結束。諾貝爾 16 歲去法國遊學時，在巴黎與一位法國姑娘有過短暫的熱戀，不幸的是，那位姑娘猝然病逝，初戀就這樣結束。43 歲時，一位奧地利伯爵之女伯莎前來應聘祕書，諾貝爾對她一見傾心，無奈對方已經心有所屬。伯莎後來成為著名女作家與第四次世界和平大會的領導成員，是世界和平運動先驅之一。

　　不久後，諾貝爾結識了一位名叫索菲的女子，兩人在一起將近 15 年。但索菲是那種一見面就要錢、高貴服裝、頂級馬車的人，她不僅把諾貝爾當成提款機和工具人，甚至以諾貝爾夫人的名義到處招搖行騙；最後竟然和一個匈牙利軍官有了孩子！諾貝爾還給了她一大筆「贍養費」，並且勸她和這個軍官結婚，安心過日子。

## 設立諾貝爾獎

　　漫長、痛苦的戀愛總算告一段落，諾貝爾付出了金錢與感情，但是得到了什麼？既空虛又寂寞的他覺得心臟隱隱發痛，隨手自桌上拿來一小罐藥瓶。看著罐內液體，他搖搖頭苦笑道：「老天爺可真會開玩笑。這用來治病的藥分明就是硝化甘油，我到頭來還是得靠它救命！」他又想到這強力炸藥發明以來，使得鑿山開路更為方便，卻也在戰場上

諾貝爾的遺囑

帶走更多的生命。自己年紀也大了，遺產無人繼承，何不將財富用來幫助後人新的發明，讓他們去造福更多人？

　　於是，他在死前一年留下了這樣的遺囑：

　　「本人經過審慎考慮之後，下文是關於處理我死後財產的遺囑：

　　在此我要求遺囑執行人將財產換成現金，進行安全可靠的投資，並以此成立一個基金會，用每一年所得的利息獎勵在前一年中對人類做出最大貢獻的人。該利息分成五等分，分配如下：

　　一份獎給在物理界有重大發明或發現者；

　　一份獎給在化學上有重大發現或改進者；

　　一份獎給在醫學或生理學有重大發現者；

　　一份獎給在文學界創作出具有理想傾向之最佳作品者；

　　最後一份獎給調停各國間之糾紛，廢止或縮小目前之軍備，並對和平會議的組織和宣傳盡到最大努力或貢獻者。

各獎的獲獎人由下述各委員決定：

物理學獎、化學獎由瑞典皇家科學院院士授予；

生物學、醫學獎由斯德哥爾摩卡洛林斯卡學院授予；

文學獎由斯德哥爾摩科學院授予；

和平獎則由挪威議會選出的五人委員會來授予。

不論哪個國家的人都可獲獎。我衷心希望世界上最有成就的人獲獎。」

諾貝爾曾向他的好友史托納提到心中渴求和平的願望：「為了永遠不再有戰爭，我希望發明出對戰爭具有遏止力的物質或機械……如果擁有一個強大的力量，或許能讓所有的文明國家放棄戰爭、解散軍隊！」

換句話說，諾貝爾認為只要製造出可以消滅一切的地圖兵器，大家就會因恐懼而不敢發動戰爭。或許他就是這麼想，才會開發出軍用火藥賣給各國做為武器。

史托納一生在戰亂頻仍的歐洲致力於和平運動，她以反戰小說《放下武器》風靡整個歐洲，據說和平獎是因為受到這本小說感動而設立（史托納後來在 1905 年獲得諾貝爾和平獎）。

1901 年 12 月 10 日，即諾貝爾逝世五週年的紀念日，諾貝爾基金會首次頒發了諾貝爾獎。他獻出的這筆基金共 920 萬美元，每年的利息約 20 萬美元。他的一生共取得全球超過 355 項的專利，包括人造橡膠、人造皮革、煤氣表等許多與人們生活有關的物品。

雖然諾貝爾發明了炸藥，也因此大量獲利，甚至被運用在戰爭上，但他憎恨戰爭、祈求和平的心願絕非矯飾，不管大家對他的評價如何，以他為名的科學獎，已經成為個人成就的最高榮譽。 ㊉

咦？不是還有諾貝爾經濟學獎嗎？

經濟學獎是 1968 年才由瑞典中央銀行設立的喔，所以不在諾貝爾的遺囑裡。

作 者 簡 介

水精靈　隱身在 PTT 裡的科普神人，喜歡以幽默又淺顯易懂的方式與鄉民聊科普，真實身分據說是科技業工程師。

繪圖：曾建華

# 炸藥之父──諾貝爾

國中理化教師　高銓躍

關鍵字：1. 皂化反應　2. 甘油　3. 硝化甘油　4. 黑火藥　5. 爆炸

## 主題導覽

　　硝化甘油是 1847 年由都靈大學的化學家索布來洛所合成。瑞典的化學家諾貝爾經過多年的努力，終於發明了高穩定性且防誤爆的矽藻土炸藥，奠定他的炸藥王國。而後更進一步研究，發明威力更強且不怕潮濕的明膠炸藥，和爆炸後幾乎無殘渣且幾乎無煙的無煙炸藥，廣泛用於開礦、築路與軍事。晚年時，諾貝爾有感於炸藥用於戰爭，奪走許多人命，希望能將自己一生的財富供人類追求和平，因而創立了代表個人最高榮譽的諾貝爾獎。

---

### 挑戰閱讀王

看完〈炸藥之父──諾貝爾〉後，請你一起來挑戰以下四個題組。

答對就能得到👍，奪得 10 個以上，閱讀王就是你！加油！

◎肥皂是利用油脂（椰子油、橄欖油等）與強鹼（氫氧化鈉、氫氧化鉀）共熱來進行反應，產生肥皂和甘油而製得，稱為皂化反應。依各人喜好與目的，可再加入染料、香料、中藥等不同物質。

（　）1. 因油脂與強鹼並不互相溶解，可加入下列何者物質，使兩者得以互溶，來增進反應速率？（這一題答對可得到 1 個👍哦！）

①酒精　②飽和食鹽水　③氫氧化鈉　④甘油

（　）2. 甘油的示性式為 $C_3H_5(OH)_3$，請推論下列何者不是甘油的性質？

（這一題答對可得到 2 個👍哦！）

①具有 OH 原子團，故屬於醇類

②屬於一種油脂，不可溶於水

③具有碳原子，故為有機化合物

④不可燃燒

◎硝化甘油是由科學家索布來洛將甘油經硝酸與濃硫酸體積 3:1 的體積混合硝化製得，反應過程非常危險，且硝化甘油是感度極高的易爆物，受熱或者從桌面到地板的高度掉落便可以引爆，上述原因使得硝化甘油為不易製備和運送的產物。

（　　）3.為了解決硝化甘油在運送過程中的安全問題，諾貝爾想出哪些方法來解決？（這一題為多選題，答對可得到 2 個👍哦！）

①在硝化甘油裡頭加入甲醇，要使用時再分離出來

②以多孔的矽藻土吸收硝化甘油

③將硝棉膠與硝化甘油混合

④將少量樟腦與硝化甘油混合

（　　）4.諾貝爾發明的矽藻土炸藥穩定性高，但用一般的明火無法引爆，因此諾貝爾以其他炸藥來加以引爆，即「雷管」。根據文章描述，雷管的主要成分為何？（這一題答對可得到 1 個👍哦！）

①硝酸　②濃硫酸　③雷酸汞　④硝化甘油

◎「爆炸」指的是氣體體積迅速膨脹的現象，通常伴隨著強烈放熱、發光和聲響。

（　　）5.硝化甘油的分子式為 $C_3H_5N_3O_9$，分解反應非常劇烈，會迅速釋放大量的氣體，體積可超過原本的 1200 倍，並使溫度高達 5000℃。請問下列何者氣體不可能是硝化甘油爆炸所產生的氣體之一？（這一題答對可得到 2 個👍哦！）

① $CO_2$　② $H_2O$　③ $N_2$　④ $HCl$

（　　）6.索布來洛曾在醫學雜誌上讀到：一氧化氮可以促使血管擴張，而他所發現的硝化甘油正好可以在高溫時產生大量的一氧化氮。透過反覆研究和實驗，現今的「耐絞寧」舌下錠即是低劑量的硝化甘油片。由文章所述，你認為它應該可以應用於何種症狀？（這一題答對可得到 2 個👍哦！）

①中風　②糖尿病　③心肌梗塞　④腎臟病

◎諾貝爾在遺囑中，將他的財產換成現金，並進行安全可靠的投資，再將每一年的利息所得分成了五份，獎勵對人類做出最大貢獻的人。

（　　）7.請問下列哪一領域並未包含在諾貝爾的遺囑中？

　　　　（這一題答對可得到 1 個👍哦！）

　　　　①諾貝爾物理獎　②諾貝爾經濟學獎

　　　　③諾貝爾醫學獎　④諾貝爾和平獎

**延伸思考**

1.火藥，又名黑火藥，是一種早期的炸藥，主要是用硫磺、木炭和硝酸鉀以大約 10%、15% 和 75% 重量的比例混合。火藥被火點燃時，會產生大量的氮氣和二氧化碳，直到 17 世紀中葉都是唯一的化學爆炸物。請你上網搜尋黑火藥的主要組成成分、發展歷史和應用。

2.硝化甘油不僅促成了諾貝爾發明炸藥，更是用來舒緩心肌梗塞的有效藥物。請你上網搜尋醫生發現硝化甘油在心臟病治療上的歷史故事和原理。

3.諾貝爾並沒有設立數學獎，有個穿鑿附會的說法是：諾貝爾的妻子或是某位女朋友甩了他之後和一位數學家跑了，因此諾貝爾痛恨數學家，才沒有設立數學的獎項，然而這只是八卦傳言。請你上網搜尋相關的歷史，找出諾貝爾當初沒有設立數學獎的可能原因。

# 不銅凡響的元素

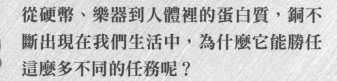

從硬幣、樂器到人體裡的蛋白質，銅不斷出現在我們生活中，為什麼它能勝任這麼多不同的任務呢？

撰文／高憲章

繪圖：Uncle Alvin

日本是時下年輕人最喜歡去自助旅行的國家之一，出去玩總是免不了要買東西，而日本光是硬幣就有六種，大小形狀不同，顏色也都相異，除了一円以外，其他的五円、十円、五十円、一百円和五百円硬幣倒是有個共同的特色：全部都是銅的合金！銅的含量超過60％，其他成分則是包含鎳、鋅、錫等金屬。

## 生活裡的銅

閃耀著金黃色光芒的五円硬幣，是在神社許願求好運的極佳選擇，這是由銅和鋅組成的黃銅合金。黃銅合金還有一個很有趣的用途，我們在鼓號樂隊裡看到的金黃色樂器，如小號、伸縮號、鈸等，都是黃銅做的。跟五円硬幣同樣中間有一個孔的是銀白色的五十円硬幣，它的主要成分是由銅和鎳所組成的白銅合金，這種合金不容易生鏽，顏色漂亮，是鑄造硬幣最常使用的銅合金。

提到銅合金，我們最熟知的還有帶著特殊青色外表，由銅和錫組成的青銅。青銅不易腐蝕，硬度高，也是比較容易鑄造的合金：只要在銅中加入25％的錫，就能讓原本近1100℃的熔點，降低到800℃左右，而且

## 日本硬幣的組成

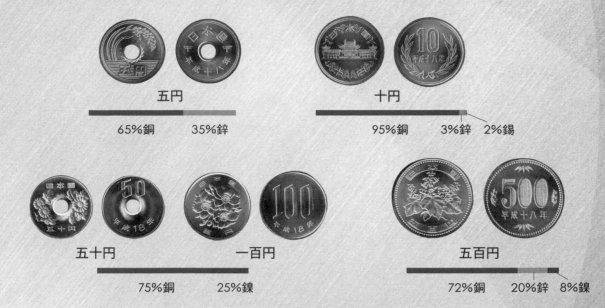

五円
65%銅　35%鋅

十円
95%銅　3%鋅　2%錫

五十円　一百円
75%銅　25%鎳

五百円
72%銅　20%鋅　8%鎳

硬度還比原本的純銅或純錫高了許多。青銅是少數具有冷脹熱縮特性的合金，因此當人類掌握了青銅的冶煉與鑄造技術之後，便開始大量使用以改善生活，後來歷史學家將這段時期稱為青銅時代。

　　人類開採銅礦已經有上萬年的歷史，地表銅礦的蘊藏量，再加上現在非常普遍的銅金屬回收技術，讓地球上的銅還足夠我們用上好一陣子，一般的銅礦是以黃銅礦或輝銅礦這兩種含有硫的礦石為主，開挖出來之後還需要經過多重步驟去硫，最後經過電解精煉，才能得到純銅使用。

### 與眾不「銅」

　　在元素週期表上，跟銅在同一族的元素還有銀和金這兩種金屬。乍聽之下好像都是跟錢有關的元素，不過這一族的金屬元素還有個與眾不同的地方——它們都屬於柔軟且延展性很好的金屬，這是因為在銅、銀和金的電子組態中，除了最外面一層（以銅來說，這一層叫做 4s 層）只剩下一個電子以外，其他內部各層電子都把軌道塞得滿滿的。當銅原子之間形成金屬鍵時，能用的電子就只剩最外面這個電子，這種金屬鍵比其他金屬弱得多，也因此銅、銀、金這一族，都是很柔軟的金屬。

　　銅還有其他很棒的特性，像是良好的導電性以及導熱性，讓它在我們生活中的各種地方被大量使用。這些特性的成因都與銅的電子結構有關，導電性良好，所以大部分的電線是以銅為蕊；導熱性佳，所以很多電器裝置都會使用銅製的散熱片，如果把電腦打開來看，你會發現電腦的處理器上除了風扇，也會加裝銅散熱片，有些電腦甚至會加上一條條的銅管幫忙散熱喔！

　　銅特殊的電子組態也影響了金屬銅的顏

色。當銅被光照射的時候，有一些特定波長的藍光與綠光會被吸收，激發銅的內層電子（3d層）到外層（4s層）去，因此我們看到的金屬銅呈現橘紅色，與大部分銀灰色的金屬非常不同。日幣中的十円，就是因為它的成分有超過95%是銅，只含有少量的鋅跟錫，因而保留了更多金屬銅原本的顏色。不過仔細想想，我們看過的銅器，好像很少是橘紅色的？除了可能是由銅合金打造的原因之外，銅若是長時間暴露在潮濕的空氣中，表面會受到腐蝕而產生銅綠，這層銅綠會保護內部的銅不會繼續發生反應，但是銅的橘紅色也就消失了。

## 銅的百變錯合物

銅綠是碳酸銅的一種形式，它是一種銅的錯合物，經常出現在銅器的外層。金屬銅暴露在空氣中久了，空氣中的氧氣會逐漸改變銅的電子結構，把銅最外層的電子搶走，於是原本的金屬銅，變成正二價的銅離子，我們寫做 $Cu^{2+}$。銅被搶去了電子該怎麼辦呢？這時候空氣中附近一些離子，就會靠過來幫忙，把自己的電子分一些給銅離子使用。碳酸根是大氣中最常出現的離子之一，這些碳酸根會與銅離子結合，所形成的綠色化合物，就是我們看到的銅綠了。

這些能夠分享電子，向金屬離子靠過來的離子，化學家給它們一個通稱，叫做「配位子」。而以金屬為中心，與配位子形成的化合物，則稱為「金屬錯合物」。銅錯合物是非常普遍的化合物，而且依據環境的不同、配位子不同，表現出來的結構和顏色變化更是多采多姿。

在眾多的銅錯合物中，我們最容易看到的，是以硫酸根為配位子的銅錯合物「硫酸銅」。這是一個非常有趣的錯合物，雖然硫酸銅主要的配位子是硫酸根，可是硫酸銅在含有水和沒有含水的時候，顏色卻完全不一樣！當硫酸銅完全不含水的時候，是白色的粉末，但是當硫酸銅裡有水分子存在，就變成藍色的粉末。這樣的變色特性，讓硫酸銅成為實驗室中用來檢查是否有水分子存在的一種試劑。

## 身體裡的銅

銅也是生物體內必需的一種金屬元素，銅錯合物是存在於生物體內的「細胞色素 c 氧化酶」的重要組成之一，這個氧化酶是一種非常龐大的蛋白質，裡面包含了二個銅為活性中心，負責將我們呼吸時吸入的氧氣，轉換成能量讓身體使用。此外，我們的肝臟也會製造出「血漿銅藍蛋白」，這個蛋白質中包含了六個銅，在血液中有90%的銅離子就裝在這個蛋白質上，跟著血液跑來跑去，主要負責抗氧化的功用。

繪圖：Uncle Alvin

## 錯合物，變變變！

既然錯合物是以金屬為中心，那麼在形成錯合物之後，配位子還可不可以換來換去呢？我們可以用銅錯合物來做個簡單的實驗。

首先把硫酸銅粉末加到水裡，攪拌溶解之後，會得到一杯澄清的淺藍色溶液，接著準備洗廁所用的稀鹽酸，一滴一滴加到這杯淺藍色的溶液裡面，隨著加入的鹽酸愈來愈多，顏色會慢慢由原本的淺藍色改變成草綠色。這是硫酸銅的硫酸根配位子，被鹽酸裡的氯離子給取代而形成氯化銅的結果；也就是說，原本的銅錯合物配位子發生了置換反應。

接下來將氨水緩緩的加入這杯草綠色的溶液中，溶液會發生兩個階段的變化，在只加入少量的氨水時，溶液中會出現許多白色的沉澱物，溶液的顏色也會慢慢再回到水藍色，但是隨著氨水愈加愈多，沉澱物會消失，最後變成一杯非常漂亮的寶藍色溶液。

這是因為一開始加入的氨水讓溶液成為鹼性，銅離子被鹼性水溶液中的氫氧根所包圍，形成白色膠狀氫氧化銅沉澱物，但是隨著氨水愈來愈多，使得胺基取代了氯化銅的氯離子和氫氧化銅的氫氧根離子，最終形成寶藍色的四氨化銅錯合物。整個反應看到的銅錯合物，由於我們加入的化合物不同，引發了一系列的配位子置換變化：硫酸銅（淺藍色）⟶氯化銅（草綠色）⟶氫氧化銅（白色）⟶四氨化銅錯合物（寶藍色）。

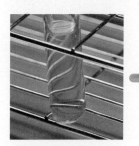 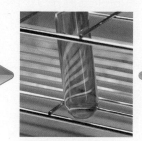 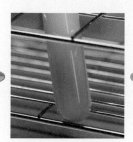 

把硫酸銅粉末加到水裡，會得到一杯淺藍色的硫酸銅水溶液。

硫酸銅水溶液滴入鹽酸後，產生草綠色的氯化銅。

接下來緩緩加入氨水，溶液中會出現許多白色的氫氧化銅沉澱物。

隨著加入愈來愈多的氨水，銅與胺基結合產生四氨化銅錯合物，溶液轉變為寶藍色。

血漿銅藍蛋白在身體遭受感染、有創傷，甚至是長腫瘤的時候，濃度都會改變，因此也是醫生們診斷身體是否出現重大問題的線索之一！

除了每天都會摸到的硬幣、生活中的各種電子產品，還有我們的身體裡也有不少的銅錯合物，銅跟我們的日常生活關係十分密切。下次掏出硬幣付錢時，可以好好思考這個顏色多變又實用的金屬元素，還會在生活中的哪些地方出現喔！

作者簡介

高憲章　在淡江大學理學院科學教育中心擔任執行長，同時負責化學下鄉活動計畫，跟著行動化學車全臺跑透透，經由各種化學實驗與全臺各地的國中生分享化學的好玩與驚奇。因為個子很高，所以是名符其實的高博士。

圖片來源：高憲章

# 不「銅」反響的元素

國中理化教師　李冠潔

關鍵字：1.合金　2.電子軌域　3.錯合物　4.氧化酶　5.抗氧化

**主題導覽**

　　銅易導電、導熱，柔軟且不易氧化，又具有獨特顏色，這些不同於其他金屬的性質，讓銅的應用範圍相當廣泛，生活中許多物質都含有銅，例如每天使用的錢幣、電路中的電線、美麗的黃銅樂器，甚至是女生的飾品。銅若和不同的金屬混合，會形成合金，合金能夠改變原本純銅的性質，使銅合金變得更加耐用與實用。

　　不只生活用品中含有銅，銅元素也是人類必需的微量元素，因為銅錯合物能形成酵素，幫助人體產生能量，甚至幫忙殺菌，因此銅元素對人類的重要性，可以說是無可取代的。

　　由於地球上的元素有限，而且是沒辦法憑空合成的，所以我們應該盡量將物品資源回收再利用，以後才不會沒有原料可以使用喔！

---

### 挑戰閱讀王

看完〈不「銅」反響的元素〉後，請你一起來挑戰以下三個題組。

答對就能得到👍，奪得 10 個以上，閱讀王就是你！加油！

◎銅是所有金屬中導電、導熱度第二名的金屬，因為銅的特殊性質，所以比其他金屬更常應用在生活當中，請回答下列幾個問題：

（　　）1.下列哪個含銅的生活用品，是因為銅良好的導熱性而製成？

　　　　　（這一題答對可得到 1 個👍哦！）

　　　　　①黃銅樂器　②新台幣一元　③黃銅徽章　④韓式銅板烤肉

（　　）2.關於銅在生活中的應用，何者敘述錯誤？（這一題答對可得到 1 個👍哦！）

　　　　　①銅因為易碎所以不能作成餐具

　　　　　②銅因為美麗的光澤常被做成飾品

　　　　　③銅因為導熱性好可以做成銅板烤肉

　　　　　④銅的活性小，不容易生鏽，所以可以做成硬幣

（　　）3. 下列何者是以銅的良好導電性而設計的？（這一題答對可得到 1 個👍哦！）
　　　　①美麗的飾品　②電線中的銅線　③電腦中的散熱片　④銅製佛像

◎金屬與非金屬在性質上有很大的差異。金屬柔軟富有延展性，敲打不易碎，易導
　電導熱，非金屬則不能導電（碳是唯一能導電的非金屬），且敲打容易碎裂，根
　據這些性質的描述，回答下列問題：

（　　）4. 有石墨、硫、銅和銀四種物質，艾霖取來其中一種物質，進行下圖所示的
　　　　兩個實驗，根據實驗結果判斷，她最可能用了哪種物質？
　　　　（這一題答對可得到 2 個👍哦！）
　　　　①石墨　②硫　③銅　④銀

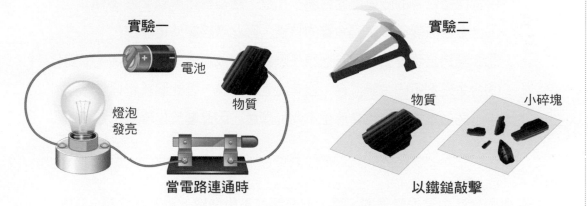

（　　）5. 呈上題，艾霖將上述四種物質石墨、硫、銅和銀，做了詳細的觀察和實驗
　　　　紀錄，你能不能推論出哪個是金屬銅的特性呢？
　　　　（這一題答對可得到 2 個👍哦！）

| 物質 | 外觀顏色 | 加熱後的狀態 | 敲打後狀態 | 接上電源 |
|------|----------|--------------|------------|----------|
| 甲 | 黑色無光澤 | 可燃燒 | 碎裂 | 可導電 |
| 乙 | 銀色無光澤 | 感到燙 | 變形 | 可導電 |
| 丙 | 紅色有光澤 | 變黑變燙 | 變形 | 可導電 |
| 丁 | 黃色無光澤 | 燃燒產生惡臭 | 碎裂 | 不導電 |

①甲，因為可導電　②乙，因為金屬都是銀色的
③丙，因為紅棕色又可導電　④丁，銅是黃色的金屬

◎黃銅礦是一種常見的銅礦物，幾乎各地都有黃銅礦的蹤跡，中國最早在夏朝之前就知道利用黃銅礦練出純銅，並且加入其他金屬製成合金，以改變銅的特性增加實用度，例如青銅、黃銅。請根據文章的內容回答下列問題：

（　）6.合金的發現讓人類對金屬的應用更為廣泛，青銅器更可說是最早出現的合金，請問下列關於合金的敘述何者錯誤？（這一題答對可得到 2 個👍哦！）

①黃銅是由銅和鋅組成，因美麗的外表常製成樂器

②銅和錫組成的青銅不易腐蝕，硬度高，是比較容易鑄造的合金

③青銅跟大多數金屬一樣，具有熱脹冷縮的特性

④純銅中加入錫能夠降低熔點與增加硬度

（　）7.合金與化合物不同，合金屬於物理變化，金屬錯合物屬於化學變化，關於合金與錯合物的敘述何者錯誤？（這一題答對可得到 2 個👍哦！）

①合金會改變原本單獨金屬的特性，因此應該屬於化學變化

②金屬錯合物是金屬與其他原子團結合形成新分子，因此為化學變化

③合金是把不同金屬混合，沒有產生新物質，因此屬於物理變化

④不同的金屬錯合物會產生不同的顏色，因此屬於化學變化

**延伸思考**

1.銅在我們生活中是很常見的金屬，但是銅並不是地球上最多的金屬，如果有一天地球上的銅用盡了，能不能用其他金屬代替呢？

2.金屬都具有導電、導熱的特性，為什麼銅的導電導熱性特別良好？導電、導熱性是由原子的什麼結構決定的？

3.合金並沒有發生化學反應產生新物質，為何只是不同種金屬混合在一起就能產生完全不同的特性呢？

# 智慧卡片
## 聰明生活

**悠遊卡、大樓門禁卡、金融卡、信用卡……**
**生活中有這麼多種卡片，你知道它們的原理**
**有什麼不同嗎？**

撰文／趙士瑋

圖片來源：達志影像

走進捷運站，將悠遊卡稍微靠近進站閘門上的感應器，「嗶」一聲，閘門應聲打開；媽媽出門購物，將手裡的信用卡刷過店裡機器的插槽，便完成付款；到郵局的ATM領錢時，則要將金融卡插入櫃員機中。明明都是卡片，為什麼使用的方式有這麼多

種？現在就一起來認識各種卡片讀取與寫入資料的原理吧！

## 歷久彌新：磁條卡

「將資料儲存在卡片上，有需要時再讀取」的觀念，早在1970年代就已經出現了。

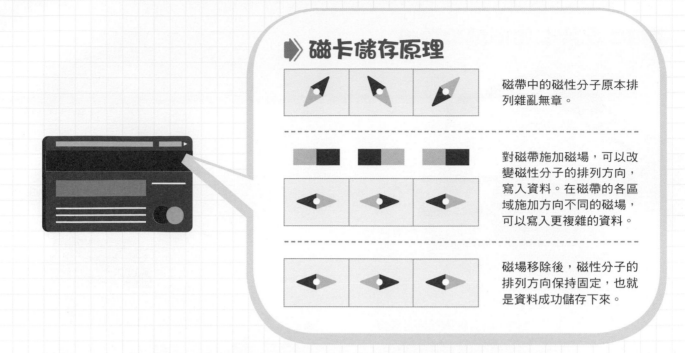

## ▶ 磁卡儲存原理

磁帶中的磁性分子原本排列雜亂無章。

對磁帶施加磁場，可以改變磁性分子的排列方向，寫入資料。在磁帶的各區域施加方向不同的磁場，可以寫入更複雜的資料。

磁場移除後，磁性分子的排列方向保持固定，也就是資料成功儲存下來。

科學家為了發明這種卡片，面臨的最大挑戰是：如何用低成本將眾多的資料儲存在面積很小的卡片上呢？在層層篩選下，首先脫穎而出的儲存媒介就是「磁」，卡片上有一條既粗且黑的「磁帶」的磁條卡於焉誕生。

磁帶上布滿微小的磁性分子，這些分子就好像一個個小磁鐵一樣，有 N、S 兩極。要將資料存入磁帶時，需要外加磁場，改變磁性分子的「極化方向」（也就是小磁鐵的指向），當外加磁場移去，極化方向會固定下來，資料就成功記錄在磁帶上！長長的磁帶可以分成許多區塊，各區的極化方向可以有所不同，這樣一來就能儲存更複雜的資料。

磁帶的讀取，則是由特殊的機器來進行，這種機器能偵測磁性分子的極化方向，經過適當的解碼程序，就能還原得知當初儲存在磁帶中的訊息。

在現行的國際標準下，一條磁帶分為三條獨立的「磁軌」，分別稱為磁軌一、二、三。磁軌一上可以儲存 79 個字元，也就是英文字母或數字，然而資料一旦記錄完成，便不能更改或覆寫，只能讀取。磁軌二也是

###  這麼多種資料儲存技術，哪一種能存最多資料呢？

回答這個問題之前，我們應該先考量儲存裝置的大小，也就是「哪種儲存技術在一定的面積或體積中，可以存放的資料量是最大的？」。

在電子領域中，追求更高的儲存密度至關重要，因為儲存密度高，表示同樣的資料量可以放在更小的儲存工具中，不用占據那麼多空間，使用者攜帶也更加方便。隨著半導體領域的研究突破，電晶體愈來愈小，使得資料儲存密度在過去數十年間大幅提升。

不過榮登儲存密度第一的並不是電晶體，現在最新的技術是用原子來儲存資料，很神奇吧！另外也有科學家成功將資料儲存在 DNA 序列中，如果能降低成本，預期將帶來一次新的「儲存革命」。

繪圖：黃榆儒

## ◆ IC 晶片卡如何讀取資料

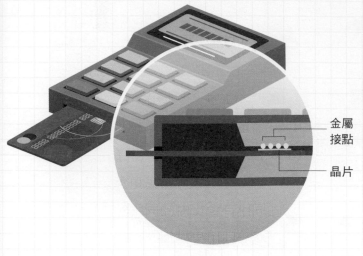

▲ IC 晶片卡插入讀卡機後，讀卡機內部的金屬接點會和晶片緊密相接，進而讀取晶片中的資料。

金屬接點
晶片

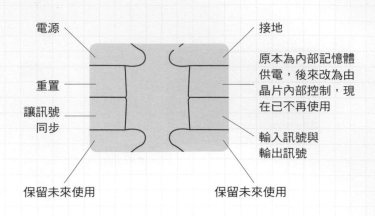

電源
重置
讓訊號同步
保留未來使用

接地
原本為內部記憶體供電，後來改為由晶片內部控制，現在已不再使用
輸入訊號與輸出訊號
保留未來使用

▲晶片上的每一小格分別有不同的功能。

只能讀取、不能覆寫，可以儲存 40 個字元。磁軌三上的資料則是既可以讀取，也可以更改，同時能儲存多達 107 個字元。

磁條卡最主要的應用，是「塑膠貨幣」──信用卡。如果有機會仔細觀察爸爸媽媽的信用卡，磁帶的位置就在背面簽名欄的上方。磁帶的磁軌中儲存著卡號、發卡銀行、持卡人姓名等識別資料，刷卡付款的時候，刷卡機便藉由偵測磁帶中磁性分子的極化方向將資料還原出來。不過要小心！如果信用卡靠近磁鐵等磁性物質，可是會破壞磁帶中的資料，導致「消磁」。

## 走向電子化：IC 晶片卡

隨著半導體技術日漸成熟，人們開始能在微小的晶片上連接大量的電晶體，完成複雜的工作，有人便想到：如果把電子晶片黏在卡片上，會不會讓資料的讀寫更簡單？IC

晶片卡就是這個點子的產物。

較常見的 IC 晶片卡，包括打公共電話需要的電話卡、政府發的健保卡，以及插入提款機提款的金融卡、提款卡等。這些卡片上都有一個金黃色、方形的區域，這個就是晶片。晶片彷彿一台微型電腦，擁有記憶體，可以儲存資訊，也能進行計算電話卡餘額這類簡單的運算，同時有專門的讀寫端子負責資料的存入跟讀取。

使用 IC 晶片卡時，讀卡裝置會直接與晶片接觸，對讀寫端輸入電訊號，指示晶片提供或儲存資訊。

聰明的你可能已經發現，在 IC 晶片卡上，真正重要的部分只有那一小塊晶片。之前就曾經發生詐騙集團佯裝為被害人銷毀金融卡，雖然將卡片剪得破破爛爛，卻故意不剪到晶片，然後趁被害人不察將晶片取走後，便可以盜領存款。因此，如果不再使用 IC

繪圖：黃榆儒

52

晶片卡了，一定要將晶片澈底破壞，才能避免資料外洩，不可不慎。

IC 晶片卡的發明，使得卡片資料的讀寫可以用電子化的方式完成，將日常生活中的各種活動與電腦相結合，可以說是世界走向數位化的一大推手。

## 遠距離卡片：RFID 技術

前面提到，IC 晶片卡的讀卡機需要與晶片接觸，不過也有許多卡片只要稍微靠近感應一下，不用接觸就可以發揮功能，這又是怎麼回事呢？原來，這種卡片使用的是稱為「無線射頻辨識」（RFID）的先進技術。

使用 RFID 的感應卡片上也有晶片，這些晶片同樣是微型電腦，然而它們沒有讀寫端子，而是由電磁波的發射器與接收器取代。這是因為 RFID 卡片的讀卡機對晶片下達指示時，會以隔空傳遞的電磁波做為傳送的媒介，同樣的，晶片回傳所儲存的資料給讀卡機時，也是利用電磁波。

晶片經常需要進行內部運算、資訊處理等

▲有些商品上會貼有這種 RFID 貼紙，原理跟 RFID 卡片是一樣的喔。

工作，會需要一些能量，這些能量從哪裡來？其實，讀卡機傳送到晶片的電磁波中，本來就蘊含能量。也就是說，RFID 晶片不只從讀卡機發出的電磁波中接收到訊息，同時還會吸收其中的能量供工作所需。

電磁波可以穿透物體前進，因此 RFID 晶片不用像 IC 晶片卡一樣暴露在外，可以包覆在卡片中，這樣一來晶片的損壞機率便大幅降低。這項優良的特性，加上電磁波技術的快速發展，使得 RFID 成為現今使用極廣的卡片技術。不論是搭乘公車、捷運使用的悠遊卡，或是進入社區大樓的門禁卡，只要是利用「感應」的，絕大多數都和 RFID 脫不了關係。

了解各種卡片原理後，下次不妨仔細觀察，想想看它們分別屬於哪一種！ 科

天線

RFID 晶片

▲日常生活中使用的 RFID 卡，其實就是由 RFID 晶片和線圈狀的天線所組成。晶片接收到訊號之後，會以電磁波的方式回傳資料給讀卡裝置。

作者簡介

趙士瑋　目前任職專刊律師事務所，與科技相關的法律問題作伴。喜歡和身邊的人一起體驗科學與美食的驚奇，站上體重計時總覺得美食部分需要克制一下。

圖片來源：達志影像

53

# 智慧卡片聰明生活

國中理化教師　李冠潔

關鍵字：1. 磁性分子　2. 磁化　3. 消磁　4. 電磁波　5. 無線射頻辨識

## 主題導覽

　　科技的發展與進步，讓生活愈來愈便利，現在出門不用大包小包的帶一堆鑰匙，或是鼓鼓的錢包了，只要手機和幾張卡片就能整天暢行無阻。一早到超商買早餐和搭捷運都可以使用悠遊卡，下班後用信用卡支付晚餐，整天都不需要用到現金。不論要消費還是通行，所有的資料都可以存在小小的卡片裡。

　　以前的信用卡還有被消磁的麻煩，現在許多卡片都改用線圈和晶片感應，不僅不必擔心被消磁，並且利用電磁波遠距離傳輸，無須觸碰到感應器的表面，使用上更加方便衛生。有了感應與遠距傳輸技術，未來一定有更廣泛的應用範圍，使生活更加智慧與便利。

## 挑戰閱讀王

看完〈智慧卡片聰明生活〉後，請你一起來挑戰以下三個題組。

答對就能得到👍，奪得 10 個以上，閱讀王就是你！加油！

◎所謂的磁性材料指的是能夠被磁化，或是被磁鐵吸引的物質，例如鐵、鈷、鎳及它們的合金，而磁化的意思就是原本沒有磁性的物質，接近磁鐵後產生磁性的現象。請回答以下問題：

（　　）1. 下列哪個物體較容易被磁化？（這一題答對可得到 1 個👍哦！）

　　　　　①塑膠尺　②保鮮膜　③鐵釘　④國父銅像

（　　）2. 下列哪個現象與磁化有關？（這一題答對可得到 2 個👍哦！）

　　　　　①剪刀接觸磁鐵後可以吸引鐵釘

　　　　　②衛生筷的套子拆開後黏在手上

　　　　　③悠遊卡可以遠距離感應

　　　　　④冬天脫毛衣會被電到

（　）3.關於磁性的敘述何者錯誤？（這一題答對可得到 1 個 👍 哦！）

①磁鐵有 N、S 兩極

②只有磁性材料才能被磁化

③銅線能被磁鐵吸引

④原本帶有磁性的物質，磁性也有可能因為外在因素而消失

◎RFID 是一種無限射頻技術，利用電磁波來傳遞訊息，RFID 系統是由標籤和讀取
器來組成，讀取器通電後會產生磁場變化，磁場通過信用卡等內部的標籤，標籤
是由一圈一圈的線圈加上一個記錄信息的小晶片組成，線圈接受到磁場變化就會
產生感應電流，再將信號發送回去。根據這段描述回答下列問題：

（　）4.關於 RFID 的敘述何者錯誤？（這一題答對可得到 2 個 👍 哦！）

①電磁波是可以在真空中傳播的一種信號源

②標籤內部的線圈接收到磁場會產生電流，是屬於電流磁效應

③避免錢包內的信用卡被盜刷，可以使用金屬錢包來屏蔽信號

④信用卡必須要通電才能使用

（　）5.將線圈通電後，就會在周圍產生磁場，這是電流磁效應，關於電流磁效應
的敘述何者錯誤？（這一題答對可得到 2 個 👍 哦！）

① RFID 的讀取器內部需有線圈才能產生磁場

②讀取器是類似讀卡機這類的機器，不需插電就能使用

③電磁鐵（通電後鐵塊變成大磁鐵）就是電流磁效應的應用

④電流如果愈強，產生的磁場也會愈強

◎電磁波又稱為電磁輻射，簡單的說就是電磁場的波動，電場的變化產生磁場，磁
場的變化也會形成電場，兩者交互作用的波動，就稱為「電磁波」，傳播方向垂
直於電場與磁場的振盪方向。電磁波不需要依靠介質進行傳播，在真空中的傳播
速度為光速，且與光相同都是一種能量。

（　）6.根據上文，試判斷關於電磁波的敘述何者正確？

（這一題答對可得到 2 個 👍 哦！）

①電磁波跟聲音一樣不能在真空傳遞

②電磁波的速度跟聲音一樣快

③電磁波跟磁鐵一樣具有質量，屬於物質

④電磁波行進方向和介質垂直，屬於橫波

（　　）7.電磁波速和光一樣，都是每秒 30 萬公里，如同電影《絕地救援》，如果在火星上想跟地球用無線電溝通，把訊息傳到距離約三億公里的地球塔臺大約需要幾分鐘？（這一題答對可得到 2 個 👍 哦！）

①30 分鐘　②10 分鐘　③16 分鐘　④60 分鐘

**延伸思考**

1.生活中除了信用卡、悠遊卡之外，還有哪些是應用 RFID 技術的產品呢？

2.市面上的防盜刷錢包真的可以防止盜刷嗎？原理是什麼呢？

# 廚房裡的祕密

# 不用火的料理機

**平常用的電磁爐、微波爐，還有水波爐，
到底是怎麼把食物變得熱騰騰的？**

撰文／趙士瑋

「烹」、「煮」、「煎」、「烤」、「炸」這些字都屬「火」部，對古人來說，想要做菜，沒有火便萬萬不能。然而科技不斷進步，到了 21 世紀，沒有火也可以把食物加熱了！究竟是怎麼辦到的？且讓我們把電磁爐、微波爐、水波爐三種爐具的原理說個分明！

圖片來源：freepik

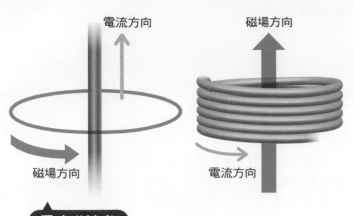

電流方向　磁場方向

磁場方向　電流方向

**電流磁效應**

電流流經長直導線，會在四周產生環狀的磁場（左圖）。若電流流經螺旋形線圈，則產生的磁場方向則和螺旋軸向平行、穿出線圈（右圖）。

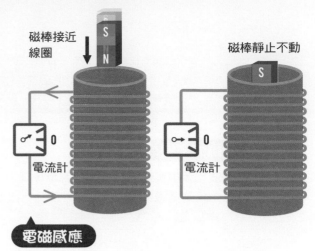

磁棒接近線圈　磁棒靜止不動

電流計　電流計

**電磁感應**

磁棒靠近線圈時，讓線圈所處的磁場產生變化，線圈會產生感應電流，而磁棒靜止不動時，感應電流就會消失。

# 電磁爐：電與磁的共舞

　　說起電磁爐，顧名思義當然是和「電」與「磁」的交互作用有關係。如果把電磁爐拆開，將會看到一綑電線纏繞成圓筒形狀，圓筒的開口朝上，這樣的構造稱為「線圈」。當電磁爐插電、打開開關後，神奇的事就發生了——電流流過線圈，產生方向和桌面垂直的磁場！因為電流的存在而有磁場的現象，稱為「電流磁效應」。

　　磁場方向和桌面垂直，那到底是向上還是向下呢？答案或許會讓你大吃一驚：一會兒向上、一會兒向下！原來，我們的家用電源是交流電，每一秒電流方向都會有多達60次的180度大翻轉。電流方向不斷交替，磁場方向也跟著改變，所以電磁爐產生的磁極，才會一下子N極朝上、一下子又S極朝上。這種「奇怪」的設計，可是和電磁爐加熱的下一步大有關係！

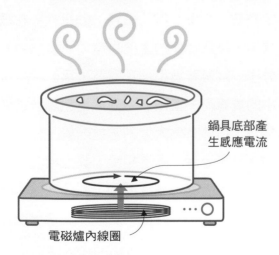

鍋具底部產生感應電流

電磁爐內線圈

**電磁爐的加熱原理**

電磁爐內部線圈通交流電後，會因電流磁效應產生不斷變化方向的磁場，進而在鍋子的金屬部分中因電磁感應產生感應電流。感應電流在金屬中流動時會因為電流熱效應而生熱，藉此加熱食物。

　　打開電磁爐後，當然要把裝著美味食物的鍋子放上去。這時鍋子的金屬部分將受到交流的磁場影響，反過來產生電流，這個物理現象稱為「電磁感應」。光是有磁場還不夠，最關鍵的是要有變化，這就是為什麼電磁爐裡的磁場要有方向的交替，否則就不會有感應電流了。值得一提的是，只有鐵磁性物質才能電磁感應，所以用在電磁爐上的鍋子，一定要是鐵製的，不能用鋁等材質的鍋子。

繪圖：黃榆儒

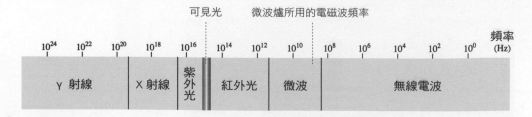

可見光　　　微波爐所用的電磁波頻率

| $10^{24}$ | $10^{22}$ | $10^{20}$ | $10^{18}$ | $10^{16}$ | $10^{14}$ | $10^{12}$ | $10^{10}$ | $10^{8}$ | $10^{6}$ | $10^{4}$ | $10^{2}$ | $10^{0}$ | 頻率 (Hz) |

| γ 射線 | X 射線 | 紫外光 | 紅外光 | 微波 | 無線電波 |

**電磁波頻譜**

電磁波譜頻率從低到高分別列為無線電波、微波、紅外光、可見光、紫外光、X 射線和 γ 射線。可見光只是電磁波譜中很小的一部分。微波一般定義是頻率約為 $3×10^8 \sim 3×10^{11}$Hz 的紅外光。

感應電流在鍋子的金屬中流動，由於運動中的電子和金屬中的原子難免有摩擦、碰撞，因此會放出熱能，這和手機充電時充電器會發熱的原理是相同的，稱之為「電流熱效應」。隨著時間過去，電流熱效應放出來的熱愈來愈多，鍋子裡的溫度便隨之升高，食物當然就被慢慢加熱了！這就是電磁爐的原理。

## 微波爐：電場讓水動起來

微波爐的使用相當方便，將食物放進去，按個啟動鍵，一分鐘後就變得熱呼呼的，不只是在家中，講究效率的便利商店也廣泛使用。那麼微波爐是怎麼利用「微波」來加熱呢？首先，讓我們來認識微波。

自然界中的電磁波可以按照其頻率分類，微波一般定義是頻率約為 $3×10^8 \sim 3×10^{11}$Hz 的電磁波，而微波爐所用的頻率大多是 $2.45×10^9$Hz，會特別選用這個頻率是為了不干擾一般家庭中的收音機、WiFi 等需要靠電磁波傳遞訊息的電子產品，而依循國際電信聯盟所制定標準。

既然微波是電磁波，那麼它在傳遞時，必定帶著「電場」與「磁場」的訊息，在微波爐中，發揮功能的主要是電場。食物中的水分子一端帶著微小的正電荷，另一端帶著微小的負電荷。當微波中的電場訊息傳遞到食物時，彷彿有個大型的電極一般，使食物中的水分子受到「同性相斥、異性相吸」的靜電力作用而開始高速運動，與四周的水分子或其他原子劇烈碰撞，就這樣製造出能量，把食物加熱了！

有時候，微波完的食物「外熱內冷」，這是因為只有微波能傳到的地方才有加熱效果，而根據食物質地的不同，有時微波無法穿透到深層，讓內外加熱不均勻。

微波

水分子因靜電力作用而開始高速運動

**微波爐的加熱原理**

微波中的電場會讓食物中的水分子因靜電力作用而開始高速運動，水分子和其他原子劇烈碰撞，產生熱量，食物就被加熱了。

一般人對於微波爐常有許多迷思，例如「千萬不能用金屬器皿裝食物放進微波爐，否則可能會爆炸」。事實上，金屬器皿放在微波爐中，確實會受磁場的作用產生感應電流，因熱效應而升溫，但功率太低，不至於會爆炸。金屬器皿不宜用於微波爐的真正理由，是因為金屬對電磁波的反射率較塑膠、瓷器高，會隔絕微波，使其難以穿透容器、進入食物內部，加熱效果不好。

最後，微波爐運轉時是否要躲得遠遠的，以防「輻射」？如前面所說，金屬會反射微波，而微波爐的四壁皆為金屬，理論上電磁波應該大部分被困在裡面，不會外洩。不過建議還是不要長時間待在運轉中的微波爐前，畢竟微波可以加熱食物中的水分子，當然也可加熱身體裡的水分子，不可不慎呀！

## 水波爐：高溫水蒸氣的洗禮

水波爐是個比較新奇的玩意兒，它的原理既不是用電、也不是用磁，而是「過熱水蒸氣」，也就是把水在 100℃ 沸騰後變成的水蒸氣繼續加熱，直到 300℃ 以上。過熱水蒸氣和 100℃ 的水蒸氣最大的不同在於含熱量的多寡，舉例來說，溫度較低的 100℃ 水蒸氣無法將火柴點燃，過熱水蒸氣卻可以。

在水波爐中，過熱水蒸氣是如何將食物加熱呢？由於水蒸氣的溫度愈高，水分子的運動愈劇烈，彼此間的距離也會愈分散，因此這些極細小的高溫水分子可以穿過食材表面的微小孔隙，鑽入內部，這時所含的熱能被

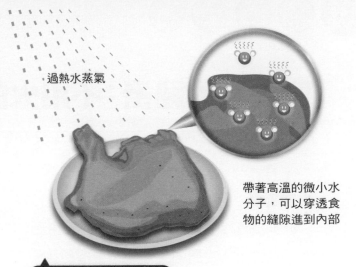

過熱水蒸氣

帶著高溫的微小水分子，可以穿透食物的縫隙進到內部

**水波爐的加熱原理**

溫度約為 300℃ 的過熱水蒸氣中，水分子非常分散，因此可以一個一個穿過食物表面的微小孔隙深入內部，並將熱能釋放給食物。

食物吸收，加熱的目的就達成了！除此之外，水蒸氣放熱後會以液態水的型態殘留在食物中，所以用水波爐料理的食物不會因為水分蒸發而變得乾乾的，反而會變得更鮮嫩多汁！

許多業者都說水波爐可以讓食物去油解膩，這又是怎麼回事呢？或許你聽說過，用熱水洗碗筷可以把油脂洗乾淨，這是因為油脂在高溫下的流動性比較強的緣故。經過水波爐處理的食物，好像裡裡外外都被熱水沖洗過了一樣，高溫的油脂容易隨著多餘的水分一起流出來，這樣就可以吃得更健康！

看完這麼多不用火卻能料理食物的工具，不禁令人驚嘆科技的力量有多麼神奇！ ㊗

作者簡介

趙士瑋　目前任職專刊律師事務所，與科技相關的法律問題作伴。喜歡和身邊的人一起體驗科學與美食的驚奇，站上體重計時總覺得美食部分需要克制一下。

# 廚房裡的祕密：不用火的料理機

國中理化教師　李冠潔

關鍵字：1.電磁感應　2.電流磁效應　3.交流電　4.電流熱效應　5.靜電感應

## 主題導覽

科學知識的發現與科技的發展，應用到生活中就能為我們的生活帶來更多便利，例如原始又麻煩的燒柴火，變成快速安全的電磁爐；單一加熱功能的電鍋，變成能解凍、加熱、煮熟的微波爐，甚至是能去除油脂的水波爐。

這些電器的發明，要歸功於許多科學家，比方說厄斯特發現通過電流的電線周圍會產生磁場，而提出電流磁效應；法拉第發現在環形線圈周圍不斷改變磁場能產生電流；馬克斯威預測出電磁波，後人再深入研究，才了解電磁波的存在與特性。因為有這些科學家的貢獻，才能讓人類生活變得更便利。讓我們一起來好好了解其中的科學原理吧！

## 挑戰閱讀王

看完〈不用火的料理機〉後，請你一起來挑戰以下三個題組。

答對就能得到👍，奪得 10 個以上，閱讀王就是你！加油！

◎在 19 世紀之前，人們認為電與磁是兩種毫不相關的物理現象，直到 1820 年，丹麥物理學家厄斯特發現載流導線可使指南針偏轉，人們才知道原來電流可以產生磁場，且根據安培右手定則我們可以知道，電流與磁場的方向互相垂直，且大拇指指向為電流方向，其餘四指所指的方向，即為磁場方向，如右圖。試根據描述回答下列問題：

電流方向
（拇指方向）

磁場方向
（四指方向）

（　　）1.通有直流電的長直導線四周會建立磁場，下列敘述何者正確？

（這一題答對可得到 1 個👍哦！）

①此現象稱為電磁感應

②所產生磁場的方向與電流同向

圖片來源：Wikimedia Commons

③電流可以產生磁場，但磁場不能產生電流

④愈靠近導線，則磁場強度愈強

（　）2.恩恩桌上立著一個鉛直方向的長直導線，若他通以由上而下的電流，導線周圍的磁場方向（俯視觀察）為何？（這一題答對可得到 1 個👍哦！）

①向上　②向下　③順時針方向　④逆時針方向

（　）3.關於電流磁效應的敘述何者錯誤？（這一題答對可得到 2 個👍哦！）

①通電流的導線周圍可以吸引鐵釘

②電流消失銅線仍有磁性

③電流方向如果改變，磁場方向會跟著改變

④交流電也能產生磁場

◎電對我們非常重要，一旦停電，我們的生活會受到極大的影響，電不只提供我們生活的便利，更能夠影響物質產生變化，電流主要有三大效應：電磁效應、化學效應及熱效應。

將電流通過水溶液，溶液內物質因為得失電子而發生化學反應，稱為電流化學效應，或稱電解。當電流通過有電阻的物體時，因為電子與原子碰撞摩擦而產生熱，就是電流熱效應，根據描述回答下列問題：

（　）4.下列哪個家電用品與電流熱效應較無關係呢？

（這一題答對可得到 1 個👍哦！）

①電熱水器　②麵包烤箱　③電磁爐　④微波爐

（　）5.電流三大效應的敘述何者正確？（這一題答對可得到 2 個👍哦！）

①電流三大效應都是化學變化

②電磁爐是電流熱效應和磁效應的共同應用

③水波爐利用是電流的化學效應原理來烹調

④電流化學效應是吸熱反應，電流熱效應是放熱反應

◎當水加熱到 100℃時就可以變成 100℃的水蒸氣，是肉眼可看到白煙的現象，此時水蒸氣可以用來蒸熟食物，但無法達到燒烤一樣的效果，若將蒸氣繼續加熱則

可達到 300℃以上的過熱水蒸氣，此時蒸氣會完全看不見，但將過熱蒸氣噴在食物上則會產生燒烤一般的效果，根據描述回答下列問題：

( ) 6. 水的三態分別是冰、水、水蒸氣，關於水三態變化的敘述何者錯誤？

（這一題答對可得到 2 個👍哦！）

①冰熔化需要吸熱

②水蒸氣變成水會放出熱

③水變水蒸氣後溫度就無法繼續上升

④被 100℃水蒸氣燙到比被 100℃水燙到還嚴重

( ) 7. 關於下列水分子的敘述何者正確？（這一題答對可得到 2 個👍哦！）

① 300℃的水比 100℃的水具有更多的能量

②水蒸氣愈高溫，水分子的距離會愈遠

③水分子愈高溫，震動愈劇烈

④以上皆是

**延伸思考**

1. 除了文章提到的微波爐、水波爐、電磁爐之外，家裡還有哪些電器用品呢？它們應用的原理又是什麼呢？

2. 氣炸鍋標榜不用油一樣能炸出香酥金黃的食物，而且比一般油炸方式更健康。查查看，氣炸鍋是否真的比較健康呢？

# 食品標示 看懂沒？

**飲食一定有風險，食用前應詳閱食品標示。**

撰文／Sammi

繪圖：粗心小王子

無尾熊的主要食物是尤加利葉，貓熊的主要食物是竹子，對於單一食物的生物來說，食物選擇的挑戰比較小，只要看起來、聞起來、摸起來像尤加利葉、竹子，無尾熊和貓熊吃下去就不會有食物中毒的危險，但若遇到尤加利葉、竹子不足時，當然也會造成生存上的危機。

而人類屬於雜食性動物，不管天上飛的、地上爬的、水中游的動植物都可以吃，這大大增加了飲食上的樂趣，但也增加了飲食上的風險，因為必須小心判別什麼有毒，什麼無毒。

面對大自然的食物叢林，透過前人的經驗，我們知道了河豚的內臟、姑婆芋的塊莖……等，都有毒不可吃。現今，多數人的食物不是自己去大自然找來的，而是從市

場、量販店、便利商店買來的，這些場所裡琳瑯滿目的食物選擇更是撲朔迷離，看一看食品包裝的標示說明，什麼矽樹脂、胺基異戊酸、二氧化矽、紐甜……等，都不是天上飛的、地上爬的、水中游的動植物，卻也成為食品，等著進你的肚子裡了。面對這些更千奇百怪的化學名詞，到底有毒沒毒？可吃不可吃？讓人類食物選擇的挑戰又更大了！

理財有句名言是這樣說的：「投資一定有風險，基金投資有賺有賠，申購前應先詳閱公開說明書。」是的，投資一定有風險，但不該冒險，同樣的，關於食品裡的化學，食品添加物百百種，飲食一定也有風險，我們更不該冒險，所以食用前應該詳閱它的公開說明書，也就是食品標示。

詳閱食品標示後，決定要不要購買的最重要準則是「合理性」，這些添加物用在這個食品上合不合理？是廠商為了減少成本添加的？還是真的為了品質穩定而添加的？以下就三個方面來探討：

# 第1
## 品名與成分之間是否有合理性？

品名與成分間的關係應該是名符其實，而不是名不符實。

雖然不能說太陽餅不含太陽、棉花糖不含棉花就是詐欺，畢竟有些品名是以意象或概念來命名，但如果純粹以成分來命名，就

品名 ——
有效日期 ——
營養標示 ——
食品添加物（原料）——
廠商資料 ——

食品包裝上一定要有的食品標示。

要注意其成分與所有成分的排列順序。以木瓜牛奶來說，在成分中應該找得到木瓜與牛奶這兩個成分，如果沒有，那肯定是詐欺！而且食品安全衛生管理法規定，若是用木瓜牛奶的香料，不是真的用木瓜與牛奶製作，那品名一定要註明是「木瓜牛奶風味」調味乳，而不是「木瓜牛奶」。

再來說說這個成分的排列順序，依食品安全衛生管理法的規定，成分必須照含量由高

至低排序，比如 A 牌木瓜牛奶的成分為：水、牛奶、糖、木瓜；B 牌木瓜牛奶的成分為：水、糖、牛奶、木瓜，也就是說 B 牌糖的添加比例高，所以同樣都是木瓜牛奶，若你不想喝太甜的，就可以選擇喝 A 牌的木瓜牛奶。

# 第 2
## 同質性產品間的價格合理性？

買東西不是便宜就好，成分內容物比價格重要。

比如你現在想喝牛奶，賣場架上擺滿了各式各樣的牛奶，你發現了某牌的高鈣牛乳比全脂牛乳還便宜，覺得賺到了，加了高鈣還比較便宜！

這時請你認真看一下盒裝上寫的食品成分，全脂牛乳的成分只有 100％生乳，而高鈣牛乳成分多到數不清，有水、奶粉、砂糖、果糖、生乳、複方碳酸鈣（碳酸鈣、糊精、阿拉伯膠）、麥芽精粉（麥芽、大麥、

焦糖色素）、異麥芽寡醣、香料、海藻酸鈉、乳酸鈣、脂肪酸甘油酯、結蘭膠。

前段有說到，食品安全衛生管理法規定成分是依含量由高至低排序，也就是這個高鈣牛乳的含量最高的成分是「水」，其次是「奶粉、砂糖、果糖、生乳」，生乳竟排到第五順位，前面還有比生乳還多的砂糖與果糖，擺明就是一個很多糖水的乳製品。

再說，因為它牛乳真正的含量比例不是 100％，但為了擁有 100％牛乳的香濃，就會加入很多增稠劑、香料等來提味，食品添加物的成本其實不會很高，且用一點點就可做出又香又濃、讓你喜歡的口感，但為了身體健康著想，還是選擇添加物比較少的產品較好。

所以若看完了成分內容，你還會覺得這個充滿添加物的高鈣牛乳比較便宜嗎？

# 第 3
## 添加物的合理性？

有些食物自己準備不會花很多時間，比如自己泡冷泡茶，就只需要茶葉加水，但你去買罐裝的冷泡茶，罐裝成分標示除了有水、茶，還多了很多的香料、抗氧化劑、碳酸氫鈉等等；或比如你自己打木瓜牛奶，只需要木

想一想！

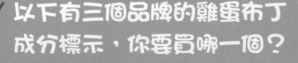

## 以下有三個品牌的雞蛋布丁成分標示，你要買哪一個？

A 牌：水、蔗糖、奶粉、高果糖糖漿、麥芽糖、椰子油、天然色素（焦糖色素、黃梔子、紅麴色素）、刺槐豆膠、玉米澱粉、香料、乳化劑、食鹽、鹿角菜膠、乳酸鈣、咖啡粉、可可粉、雞蛋萃取物。

B 牌：水、乳製品、砂糖、果糖、雞蛋、植物油、乳化安定劑、香料、焦糖、精鹽、食用黃色 4 號、5 號色素。

C 牌：鮮奶、雞蛋、砂糖、香料。

繪圖：粗心小王子、曾建華

瓜加上牛奶，但如果去外面買罐裝的木瓜牛奶，罐上成分標示除了有木瓜、牛奶，還多了很多的羧甲基纖維素鈉、碳酸氫鈉、香料等等。

而這些多出來的添加物通常是廠商為了讓食品比較穩定，不容易變質、氧化、變色，增香增稠，讓消費者感覺很有料。對於食用者而言，自己泡不加抗氧化劑的冷泡茶，或許放二天沒喝就會發酸發臭，但這才是一杯正港百分百的真冷泡茶啊！自己打不加羧甲基纖維素鈉、香料的木瓜牛奶，或許比較不稠不香，放一陣子還產生分層現象，但這才是一杯正港的「真」木瓜牛奶啊！

東西被你吃下肚後，它絕對不是「身外之物」，它會被消化吸收，但它最後是成為身體好的一部分，還是壞的一部分？就看你吃下去的是什麼囉！

有一句話是這樣說的「選擇比努力更重要」，也就是選擇對了，縱使不夠努力，也不會太偏離軌道，選錯了就像是中部人要去臺北，卻選擇往南方走的道理一樣。

人生就是一連串的選擇，「吃什麼」更是每天都需要面對的選擇。你可以選擇天然食物的真善美，也可以選擇加工食物的色香味，但健康的累積，絕對跟你的選擇有關，老話一句：天然的尚好～！

## 營養師小叮嚀

1. 請選擇名符其實的食品，買東西前，先想想這品名該有的原料成分是什麼？
2. 價錢高不一定是最好的，但價格太低也要小心，因為花再多錢也買不回健康。
3. 請記得民以食為天，不是民以「添」為食，添加物愈少愈好囉！

作者簡介

Sammi　不小心考上營養系，為了給爹娘一個交代，不能成為「密營養師」，拚了命也要考上營養師執照，當了好幾年的營養師漸漸體會到，營養是生活、生命的一部分，只要好好過生活，生命就會很營養！

# 食品標示看懂沒？

國中理化教師　李冠潔

關鍵字：1. 果糖　2. 麥芽糖　3. 碳酸鈣　4. 碳酸氫鈉　5. 抗氧化劑

## 主題導覽

買食物時我們通常只看價格便不便宜、包裝美不美麗，卻常常忽略最重要的部分，就是我們到底買到了什麼？食物除了好吃之外，是否健康？是否符合標準？要了解當中資訊，我們就應該學會看食品標示。

根據〈食品標示看懂沒？〉我們了解到，食品標示資訊除了讓我們得知食物當中的成分，還能知道添加劑的多寡——到底我們買到的是食物還是添加劑？添加劑並非萬惡的根源，有時目的是為了保鮮、增色、調味與增長儲存期……等，很多添加物其實也來自於天然的食材。那麼常見的添加物是天然的還是人工製造的呢？它們原本存在於哪裡？讓我們透過挑戰閱讀王來一探究竟！

## 挑戰閱讀王

看完〈食品標示看懂沒？〉後，請你一起來挑戰以下三個題組。

答對就能得到👍，奪得 10 個以上，閱讀王就是你！加油！

◎炎炎夏日來罐冰涼的飲料最消暑了！冰櫃裡的飲料通常能保存好幾個月，但是自己榨的果汁一天後就酸敗，這是因為市售飲料中加入抗氧化劑來防止氧化變質。食物氧化就是因為與氧結合，而產生變質酸敗的現象，吃了氧化的食物可能會危害身體器官、血管或是神經，導致器官病變、癌症甚至致死。而抗氧化劑的目的是跟食物中的氧結合，減少食物氧化變質的機會。有些抗氧化劑例如維生素 C、維生素 E，對人體是沒有危害的，不須太過擔心。

（　　）1. 關於氧化的敘述何者錯誤？（這一題答對可得到 2 個👍哦！）

　　　　①指的是物質與氧結合的現象

　　　　②抗氧化劑就是把氧氣消滅的物質

　　　　③鐵生鏽是一種氧化的現象

　　　　④蘋果放在桌上變黑是一種氧化作用

（　　）2. 氧化是自然界的正常現象，因為氧是活性很大的物質，容易與其他物質結合，關於氧的敘述何者錯誤？（這一題答對可得到 2 個👍哦！）

　　①氧氣在空氣中含量最多　②真空包裝也可以防止氧化

　　③燃燒也是一種氧化現象　④氧氣是一種助燃劑

◎市售的食品裡面，添加最多的就是糖了。糖能增加風味，不管飲料、餅乾、糖果、蛋糕的成分都含有糖，糖能讓我們及時補充能量，但是過多的糖會在體內發生醣化作用，糖化作用就是身體內的葡萄糖和蛋白質結合，結合後會劣化，讓體內的蛋白質與脂肪變質，引發白內障、糖尿病、動脈硬化等疾病，且攝取過多的醣類，也會轉變成脂質累積，導致過重與肥胖。

（　　）3. 醣類可分為單醣、雙醣與多醣，葡萄糖和果糖是常見的單醣，關於醣類的敘述何者錯誤？（這一題答對可得到 2 個👍哦！）

　　①葡萄糖是醣類的最小單元

　　②澱粉是一種多醣，消化後可以變成麥芽糖

　　③多糖分解能夠變成雙醣或單醣

　　④醣類無法轉換成其他的物質

（　　）4. 醣類是人類最無法抗拒的養分來源，關於醣類對人體的影響何者錯誤？

　　（這一題答對可得到 1 個👍哦！）

　　①澱粉是人類最常攝取到的醣類之一

　　②吃過多的醣類會變胖甚至引起疾病

　　③生病時吊的點滴裡面是葡萄糖，因為病人比較喜歡吃糖

　　④醣類可以提供人體能量

◎碳酸鹽是食品添加中常用到的物質，例如碳酸鈣可以增加食物中鈣質含量，碳酸氫鈉則可作為膨鬆劑，就連可樂中也有碳酸。事實上碳酸普遍存在自然界中，因為二氧化碳微溶於水，二氧化碳溶於水後會和水結合形成碳酸根，碳酸根再和金屬結合便形成碳酸鹽類。很多常見物品中也含有碳酸鹽，例如大理石、貝殼、胃藥、洗衣粉中都含有碳酸鹽類，由此可知不只食品含有碳酸鹽，生活許多物品當

中也都含有碳酸鹽類。

(　　) 5. 請根據描述判斷下列何者錯誤？（這一題答對可得到 2 個 👍 哦！）

　　　　①碳酸可能是由空氣中的二氧化碳轉變而來

　　　　②二氧化碳可溶在海裡，大海具有調節二氧化碳濃度的功能

　　　　③碳酸鹽類有毒無法食用

　　　　④碳酸可以跟金屬結合形成鹽類

(　　) 6. 碳酸氫鈉加熱會產生二氧化碳，因此可作為膨鬆劑，關於碳酸鹽的敘述何

　　　　者正確？（這一題答對可得到 1 個 👍 哦！）

　　　　①碳酸鈣不屬於碳酸鹽類　　②碳酸氫鈉加熱是化學變化

　　　　③碳酸鹽無法再變回二氧化碳　　④碳酸鹽類之間不能互相轉變

**延伸思考**

1. 在古代沒有這麼多食品添加劑之前，農民或漁民豐收後，該如何儲存這些重要的
食物呢？

2. 查查看，我們認為很營養的牛奶或豆漿是否真的健康？是否多喝無害？裡面有沒
有添加劑呢？

3. 添加劑的種類千百種，是否全都那麼恐怖？有沒有對人體無害的添加劑呢？

# 果汁疊疊樂

當一堆飲料倒在同一個杯子裡，哪一種會浮在上面？哪一種會沉在下面呢？讓我們來把飲料疊疊看吧！

撰文、攝影／陳乃綺

繪圖：曾建華

電影中我們常會看到在飲料吧裡，高腳杯中裝著熱帶果汁，有著五彩繽紛的分層，這是怎麼做出來的呢？原來只要知道哪種果汁比較重，哪種果汁比較輕，就能將它們一層層疊起來喔！

除了果汁，我們使用一般飲料也能有這樣的效果。找幾種色彩繽紛的飲料，比比看誰比較重，誰比較輕。咦，那要怎麼比呢？這時候就要用到密度的觀念了，密度愈大就表示愈重，用量杯量取固定體積的液體，放到秤上量一量，同樣體積的飲料秤出來的重量愈少的就是愈輕的液體了，我們只要把這些飲料密度由大到小依序倒入杯中，就能排出繽紛分層的特調飲料了唷！

# 果汁層層疊

👉 ## 實驗材料

全脂牛奶、無糖黑咖啡、蕃茄蘋果汁、鮮榨椪柑汁、透明杯子、寶特瓶、滴管、電子秤。

**番外篇**：玉米粒，爆米花，透明杯子。

👉 ## 實驗步驟 —— 比較飲料的密度大小

## Step 1

將咖啡倒入杯中，再將牛奶用滴管滴到咖啡上，觀察牛奶是否能浮在咖啡上；反過來用另一個杯子，改將牛奶先倒入杯中，再利用滴管將咖啡緩緩加在牛奶上，觀察咖啡是否能浮在牛奶上。以此兩兩比較，可以找出哪種飲料比較重。

牛奶加入咖啡　　　　咖啡加入牛奶

**養樂多空罐重量**

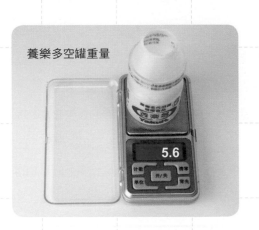

5.6

## Step 2

用秤來做更精確的比較，取一個空養樂多瓶，秤出空瓶重量。

繪圖：曾建華

74

## Step ③

將每種飲料用養樂多瓶（體積是 100mL）裝滿，拿到秤上量，記錄重量，此時的重量是瓶重加飲料重。因此只要扣掉空瓶重，就是內部盛裝的飲料重。

## Step ④

將飲料重除以體積就是密度，可以計算出每種飲料的密度大小。

| 比較　　　項目 | 椪柑汁 | 牛乳 | 蕃茄蘋果汁 | 黑咖啡 |
|---|---|---|---|---|
| 瓶重＋飲料重 | 112.7 g | 110.3 g | 109.1 g | 107.2 g |
| 飲料重 | 107.1 g | 104.7 g | 103.5 g | 101.6 |
| 密度（重量／體積） | 1.071 g/cm$^3$ | 1.047 g/cm$^3$ | 1.035 g/cm$^3$ | 1.016 g/cm$^3$ |

👉 **實驗步驟 ── 按照密度由大到小排列**

## Step ⑤

根據計算結果，密度最大的椪柑汁最重，將密度由大到小依序用滴管吸取滴入寶特瓶中，沿著瓶壁緩緩滴入，美麗的分層果汁就完成囉！

> 滴入時盡量不要搖動，仔細看看是不是按密度大小分層呢？

# 密度比一比

密度又稱為比重，指的就是單位體積內所含的質量，物體的質量和體積的比值就是「密度」。在地球平地上，質量大小等於重量，因此秤取重量就是質量，我們可以取相同體積的物體，以電子秤來秤取重量，重量愈大的密度就愈大。

理論上相同的物質會有相同的密度，這是物質的特性，但如果用同一種物體去製作不均勻的結構，就會產生不一樣的平均密度，像是把鐵塊做成空心的，密度就會不同。

生活中也有許多常見的密度現象，像是煮冷凍水餃時，一開始在滾水中加入水餃，水餃會沉在底部，煮一陣子後就會浮在水面上，就是水餃煮熟了，這是因為水餃的密度改變而產生下沉上浮的現象。還有像是盛產金礦的地區用的淘金原理也和密度有關，因為金的密度相當大，用水沖洗時會沉在底部，就能將沉在底部的金沙挑選出來了。

## 相同體積、不同質量

➡ 質量愈大、密度愈大

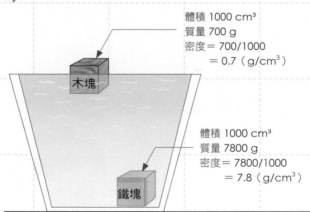

體積 1000 cm³
質量 700 g
密度 = 700/1000
= 0.7（g/cm³）

木塊

體積 1000 cm³
質量 7800 g
密度 = 7800/1000
= 7.8（g/cm³）

鐵塊

## 相同質量、不同體積

➡ 體積愈大、密度愈小

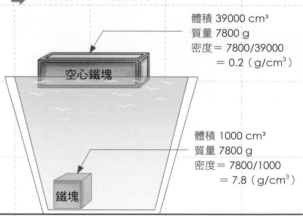

體積 39000 cm³
質量 7800 g
密度 = 7800/39000
= 0.2（g/cm³）

空心鐵塊

體積 1000 cm³
質量 7800 g
密度 = 7800/1000
= 7.8（g/cm³）

鐵塊

冷凍水餃的體積較小、重量較大，會沉在水底，煮的過程中，水餃內部會被高溫的水氣煮鬆，使得水餃體積變大，平均密度就變小了，因此浮出水面。

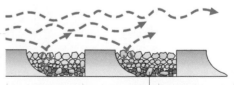

金會沉在底部

開採出含有金沙的礦沙，通常混有大量泥沙，用流動的水沖洗礦沙時，泥沙密度較小會被沖走，而金粉密度較大會沉在淘選盆底，因此就能讓金粉與泥沙分離。

繪圖：蘇偉宇、曾建華

# 番外篇
# 不須加熱的爆米花

利用密度原理還可以來變魔術喔！準備幾顆爆米花，將它們藏在沒爆開的玉米粒內，這時候就可以叫同學來圍觀了。你可以先搓熱你的雙手，跟同學宣告你將用你的熱焰掌，直接把玉米粒爆成爆米花！接著用手拿住杯子，輕輕搖晃，在眾目睽睽之下，爆米花就這麼出現了！

由於爆米花的體積比沒爆開的玉米粒大上許多，因此密度小得多。用手搖晃杯內的玉米粒時，會使得密度較大的玉米粒下沉，爆米花就浮出來了！也可以使用米粒和爆開的米香，把米香藏在米中，搖一搖米香就浮上來了！其實只要是體積大且輕的零食都能這樣玩，像是小顆棉花糖和巧克力豆之類的食材。想想看，生活中還有哪些物品可以這樣玩呢？科

**Step1** 準備玉米粒和爆米花各半杯。

**Step2** 將玉米粒撥開，於中間置入爆米花，緩緩倒入玉米粒。

**Step3** 將爆米花隱藏住，讓整杯看起來像是只有玉米粒。

**Step4** 準備開始表演了喔！看我用熱焰掌來爆米花囉！

**Step5** 緩緩輕輕的晃動杯子，爆米花竟然出現了！

作者簡介

陳乃綺　上尚文化執行長＆科學教材研發長，將科學教育結合創意、生活、趣味，著有許多科學實驗書籍以及企劃科學益智節目。希望透過有趣的手作實驗課，讓孩子們了解並愛上科學。

# 果汁疊疊樂

國中理化教師　郭恒銓

關鍵字：1.密度　2.塑膠分類標誌　3.比重　4.黑洞　5.氣凝膠　6.比重計　7.阿基米德

**主題導覽**

　　臺灣便利商店密度居全球之冠，機車密度也是全球第一；新北市永和區地狹人稠而擁擠，人口密度高達每平方公里3萬9000人。另一方面，某些塑膠容器上有⚠或⚠的塑膠分類標誌，分別代表高密度聚乙烯（HDPE）與低密度聚乙烯（LDPE）。日常生活中，我們可以看見各種有關密度的詞彙，到底密度是什麼呢？

　　密度是物理學的名詞，指的是物體所含物質組織的疏密程度，物質的密度（D）是它的質量（M）和體積（V）的比值，所以可以表示為 $D=\frac{M}{V}$，單位是公克／立方公分（g/cm³）。對液體而言，常用單位是公克／毫升（g/mL），因為氣體非常輕，通常每公克只有零點幾公克，使用單位為公克／公升（g/L）。

　　不同的物質有各自特定的密度，在各行各業中也有廣泛的應用，例如「氦」就是透過計算未知氣體的密度發現的。在農業上選種時可根據種子在水中的沉浮情況進行選種。地質探勘上，可根據採集樣品的密度，來推測礦藏的種類並判斷有無開採價值。連我們煮水餃時，水餃浮上水面也跟密度有關！所以密度可以說是相當重要的基礎科學概念，要認真學起來喔！

---

**挑戰閱讀王**

看完〈果汁疊疊樂〉後，請你一起來挑戰以下問題。

答對就能得到👍，奪得10個以上，閱讀王就是你！加油！

（　　）1.有關密度的敘述何者正確？（這一題答對可得到2個👍哦！）

　　　　①單位體積所含物質的質量

　　　　②同樣體積的物體，質量愈大則密度愈小

　　　　③同樣質量的物體，體積愈大則密度愈大

　　　　④將一杯水等分成兩杯，質量與密度皆會變成原來的一半

（　　）2. 下列步驟是測量固體密度的做法，幫忙找出哪一個步驟出現了錯誤？

（這一題答對可得到 2 個 👍 哦！）

①步驟一：利用電子秤或天平測量物體的質量 M

②步驟二：準備一個有刻度的量筒或量杯，先裝入一些水並讀取刻度 $V_1$

③步驟三：將待測物體丟入量筒，讀取刻度 $V_2$

④步驟四：計算物體的密度 $D = \dfrac{V_1 - V_2}{M}$

（　　）3. 有關不同溫度下水的密度變化，哪一項敘述是正確的？

（這一題答對可得到 2 個 👍 哦！）

① 4℃時，密度最大

②因溫度改變造成水的體積總是熱脹冷縮

③若夏天湖面水溫為 20℃，則湖底水溫大於 20℃

④若冬天湖面水溫為 2℃，則湖底水溫小於 2℃

（　　）4. 汞金屬在常溫下是液態，故俗稱水銀，密度為 13.6 $g/cm^3$，如果將下面四種同樣體積的金屬塊丟入裝滿水銀的水槽中，哪一種金屬的表現會與其他三者明顯不同？（這一題答對可得到 2 個 👍 哦！）

①金（19.30 $g/cm^3$）

②銀（10.49 $g/cm^3$）

③銅（8.96 $g/cm^3$）

④鋁（2.70 $g/cm^3$）

（　　）5. 哪一項不是密度在生活中的應用？（這一題答對可得到 2 個 👍 哦！）

①酒類溶液的比重測定　　②農業上的基因改造

③推測巨大物體的質量　　④判斷物質的種類

## 延伸思考

1. 仿照實驗的做法，親自動手測量市面上販售的各種飲料，了解它們的密度有何不同，厲害的你是否能疊出更多不同顏色組合的彩色飲料呢？

2. 密度是物質的重要特性！請找出至少五種隨手可取得的物品（如橡皮擦、墊板……等），丟入水中，比較這些物品與水密度的大小關係？

**延伸閱讀**

1. **聰明的阿基米德**：2200 多年前，義大利的西西里島上的敘拉古王國，亥厄洛國王請工匠製作黃金王冠，但怕工匠不老實，私吞黃金並在王冠中摻銀蒙混，而從質量與外觀上都無法判定真假，又不能破壞王冠，只好請當時全國最聰明的阿基米德來想辦法。阿基米德無意間在進入浴缸洗澡時，從溢出的水發現測量王冠體積的方法，接著他又測量了等重純金塊的體積，發現純金塊的體積較小，證明王冠摻了密度較小的銀。

2. **人體的密度**：與水很相近，約為 0.96 ～ 1.05 $g/cm^3$，這是因為身體內含有比重小於水的脂肪。女生體脂肪大約占體重的 25%，而男生只有 18%，因此女生比男生容易在水中浮起來，乾瘦體型的人與老年人則因脂肪少與骨骼鈣化，使得比重上升而不易浮起。除了身體構造，呼吸也會對漂浮造成影響，吸氣後人體體積變大，比重約只有 0.96~0.99 $g/cm^3$，呼氣後體積就減小了，比重就會增大到 1.02 ～ 1.05 $g/cm^3$ 而使身體下沉，所以不慎落水時，瞬間吸飽氣使胸腔充滿空氣就可採取漂浮方式保持體力、等待救援喔！

 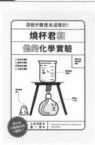 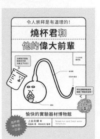

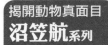

## 解答

**頭頂上的再生能源──太陽能發電**

1.（1）　2.（3）　3.（3）　4.（1）　5.（4）　6.（2）　7.（2）

**觸控螢幕一點就靈**

1.（3）　2.（3）　3.（2）　4.（1）　5.（1）　6.（4）　7.（3）

**未來智慧：自動駕駛車**

1.（1）　2.（3）　3.（1）　4.（4）　5.（3）　6.（1）（2）（3）（4）

**炸藥之父──諾貝爾**

1.（1）　2.（2）　3.（1）（2）　4.（3）　5.（4）　6.（3）　7.（2）

**不「銅」凡響的元素**

1.（4）　2.（1）　3.（2）　4.（1）　5.（3）　6.（3）　7.（1）

**智慧卡片聰明生活**

1.（3）　2.（1）　3.（3）　4.（4）　5.（2）　6.（4）　7.（3）

**廚房裡的祕密：不用火的料理機**

1.（4）　2.（3）　3.（2）　4.（4）　5.（2）　6.（3）　7.（4）

**食品標示看懂沒？**

1.（2）　2.（1）　3.（4）　4.（3）　5.（3）　6.（2）

**果汁疊疊樂**

1.（1）　2.（4）　3.（1）　4.（1）　5.（2）

**科學少年學習誌**

**科學閱讀素養 ◆ 理化篇 2**

編者／科學少年編輯部
封面設計／趙璦
美術編輯／沈宜蓉、趙璦
資深編輯／盧心潔
科學少年總編輯／陳雅茜

發行人／王榮文
出版發行／遠流出版事業股份有限公司
地址／臺北市中山北路一段 11 號 13 樓
電話／02-2571-0297　傳真／02-2571-0197
郵撥／0189456-1
遠流博識網／www.ylib.com　電子信箱／ylib@ylib.com
ISBN／978-957-32-8833-6
2020 年 9 月 1 日初版
2022 年 6 月 13 日初版四刷
版權所有 · 翻印必究
定價 · 新臺幣 200 元

國家圖書館出版品預行編目

科學少年學習誌：科學閱讀素養理化篇2／
科學少年編輯部編 . --初版 . --臺北市：遠流，
2020.09
88面；21×28公分 .
ISBN 978-957-32-8833-6（平裝）
1.科學 2.青少年讀物
308　　　　　　　　　　109005009